职业教育烹饪（餐饮）类专业"以工作过程为导向"
课程改革"纸数一体化"系列精品教材

ZHONGCAN PENGREN YUANLIAO JIAGONG GONGYI

中餐烹饪
原料加工工艺

主　编　向　军　王　辰

副主编　李　伟　吴玉忠

参　编　牛京刚　刘雪峰　刘　龙　李　寅

U0362844

华中科技大学出版社
http://press.hust.edu.cn
中国·武汉

内 容 简 介

本教材为职业教育烹饪(餐饮)类专业"以工作过程为导向"课程改革"纸数一体化"系列精品教材。

本教材以中餐厨房水台、砧板典型工作任务为载体,包括五个学习单元共 26 个学习任务,内容涵盖果蔬食用菌类原料的加工与处理、畜类原料的加工与处理、禽类原料的加工与处理、水产类原料的加工与处理、宴会菜肴综合实训。附录部分还介绍了通用知识,包括厨师仪容仪表规范、加工器具的使用与保养等。本教材按新型活页式教材设计,图文并茂,并配套开发了整套数字资源,符合新时期学生学习特点。

本教材可作为职业教育中餐烹饪(餐饮)类专业学生的学习用书,也可作为技能鉴定培训和各类相关企业培训的参考书。

图书在版编目(CIP)数据

中餐烹饪原料加工工艺/向军,王辰主编.—武汉:华中科技大学出版社,2020.9(2023.8重印)
ISBN 978-7-5680-6576-4

Ⅰ.①中… Ⅱ.①向… ②王… Ⅲ.①中式菜肴-烹饪-教材 Ⅳ.①TS972.117

中国版本图书馆 CIP 数据核字(2020)第 176843 号

中餐烹饪原料加工工艺
Zhongcan Pengren Yuanliao Jiagong Gongyi

向 军 王 辰 主编

策划编辑:汪飒婷

责任编辑:曾奇峰

封面设计:原色设计

责任校对:刘 竣

责任监印:周治超

出版发行:华中科技大学出版社(中国·武汉)　　电话:(027)81321913
　　　　　武汉市东湖新技术开发区华工科技园　　邮编:430223

录　排:华中科技大学惠友文印中心

印　刷:武汉市洪林印务有限公司

开　本:889mm×1194mm　1/16

印　张:13.5

字　数:323 千字

版　次:2023 年 8 月第 1 版第 2 次印刷

定　价:69.90 元

职业教育作为一种类型教育,其本质特征诚如我国职业教育界学者姜大源教授提出的"跨界论":职业教育是一种跨越职场和学场的"跨界"教育。

习近平总书记在十九大报告中指出,要"完善职业教育和培训体系,深化产教融合、校企合作",为职业教育的改革发展提出了明确要求。按照职业教育"五个对接"的要求,即专业与产业、职业岗位对接,专业课程内容与职业标准对接,教学过程与生产过程对接,学历证书与职业资格证书对接,职业教育与终身学习对接,深化人才培养模式改革,完善专业课程体系,是职业教育发展的应然之路。

国务院印发的《国家职业教育改革实施方案》(国发〔2019〕4 号)中强调,要借鉴"双元制"等模式,校企共同研究制定人才培养方案,及时将新技术、新工艺、新规范纳入教学标准和教学内容,建设一大批校企"双元"合作开发的国家规划教材,倡导使用新型活页式、工作手册式教材并配套开发信息化资源。

北京市劲松职业高中贯彻落实国家职业教育改革发展的方针和要求,与大董餐饮投资有限公司及 20 余家星级酒店深度合作,并联合北京、山东、河北等一批兄弟院校,历时两年,共同编写完成了这套"职业教育烹饪(餐饮)类专业'以工作过程为导向'课程改革'纸数一体化'系列精品教材"。教材编写经历了行业企业调研、人才培养方案修订、课程体系重构、课程标准修订、课程内容丰富与完善、数字资源开发与建设几个过程。其间,以北京市劲松职业高中为首的编写团队在十余年"以工作过程为导向"的课程改革基础上,根据行业新技术、新工艺、新标准以及职业教育新形势、新要求、新特点,以"跨界""整合"为学理支撑,产教深度融合,校企密切合作,审纲、审稿、论证、修改、完善,最终形成了本套教材。在编写过程中,编委会一直坚持科研引领,2018 年 12 月,"中餐烹饪专业'三级融合'综合实训项目体系开发与实践"获得国家级教学成果奖二等奖,以培养综合职业能力为目标的"综合实训"项目在中餐烹饪、西餐烹饪、高星级酒店运营与管理专业的专业核心课程中均有体现。凸显"跨界""整合"特征的《烹饪语文》《烹饪数学》《中餐烹饪英语》《烹饪体育》等系列公共基础课职业模块教材是本套教材的另一特色和亮点。大董餐饮投资有限公司主持编写的相关教材,更是让本套教材锦上添花。

本套教材在课程开发基础上,立足于烹饪(餐饮)类复合型、创新型人才培养,以就业为导向,以学生为主体,注重"做中学""做中教",主要体现了以下特色。

1. 依据现代烹饪行业岗位能力要求,开发课程体系

遵循"以工作过程为导向"的课程改革理念,按照现代烹饪岗位能力要求,确定典型工作任务,并在此基础上对实际工作任务和内容进行教学化处理、加工与转化,开发出基于工作过程的理实一体化课程体系,让学生在真实的工作环境中,习得知识,掌握技能,培养综合职业能力。

2. 按照工作过程系统化的课程开发方法,设置学习单元

根据工作过程系统化的课程开发方法,以职业能力为主线,以岗位典型工作任务或案例为载体,按照由易到难、由基础到综合的逻辑顺序设置三个以上学习单元,体现了学习内容序化的系统性。

3. 对接现代烹饪行业和企业的职业标准,确定评价标准

针对现代烹饪行业的人才需求,融入现代烹饪企业岗位工作要求,对接行业和企业标准,培养学生的实际工作能力。在理实一体教学层面,夯实学生技能基础。在学习成果评价方面,融合烹饪职业技能鉴定标准,强化综合职业能力培养与评价。

4. 适应"互联网+"时代特点,开发活页式"纸数一体化"教材

专业核心课程的教材按新型活页式、工作手册式设计,图文并茂,并配套开发了整套数字资源,如关键技能操作视频、微课、课件、试题及相关拓展知识等,学生扫二维码即可自主学习。活页式及"纸数一体化"设计符合新时期学生学习特点。

本套教材不仅适合于职业院校餐饮类专业教学使用,还适用于相关社会职业技能培训。数字资源既可用于学生自学,还可用于教师教学。

本套教材是深度产教融合、校企合作的产物,是十余年"以工作过程为导向"的课程改革成果,是新时期职教复合型、创新型人才培养的重要载体。教材凝聚了众多行业企业专家、一线高技能人才、具有丰富教学经验的教师及各学校领导的心血。教材的出版必将极大地丰富北京市劲松职业高中餐饮服务特色高水平骨干专业群及大董餐饮文化学院建设内涵,提升专业群建设品质,也必将为其他兄弟院校的专业建设及人才培养提供重要支撑,同时,本套教材也是对落实国家"三教"改革要求的积极探索,教材中的不足之处还请各位专家、同仁批评指正!我们也将在使用中不断总结、改进,期待本套教材能产生良好的育人效果。

职业教育烹饪(餐饮)类专业"以工作过程为导向"课程改革
"纸数一体化"系列精品教材编委会

前言

PREFACE

依据《国家职业教育改革实施方案》对于职业教育教学改革提出的"建设一大批校企'双元'合作开发的国家规划教材,倡导使用新型活页式、工作手册式教材并配套开发信息化资源"要求,贯彻北京市中等职业学校"以工作过程为导向"课程改革的理念,校企合作开发了"中餐烹饪原料加工工艺"课程的教材。

本教材以中餐厨房水台、砧板典型工作任务为载体,确定了五个学习单元,即果蔬食用菌类原料的加工与处理、畜类原料的加工与处理、禽类原料的加工与处理、水产类原料的加工与处理、宴会菜肴综合实训。每个学习单元设置了学习导读,主要是对工作内容、工作流程进行介绍。工作流程主要介绍开档与收档,这样可避免在每个任务中的重复;常用工具在通用知识中介绍,每个任务所需的特殊工具在具体任务中介绍;能力检测涵盖了初加工和细加工技能评价检测、理论知识测验及任务拓展,目的是提升学生的综合职业能力。五个学习单元共设计了26个学习任务,任务编排遵循由易到难、循序渐进的原则,符合学生认知规律和水平。每个学习任务共包括8个环节:任务描述、学习目标、知识技能准备、成品标准、加工过程、评价检测、任务拓展、知识链接。在学习知识、训练技能的同时,注重方法能力和社会能力的培养。教材附录部分为通用知识,包括厨师仪容仪表规范、加工器具的使用与保养等。

本教材突出体现了以下特色。

第一,突破过去以技能为主线的编写方式,现在以任务为载体,按任务技能学习的规律由简到繁、分别整合到任务中。学生在完成学习任务的同时,关键技能和综合职业能力也得到了训练。

第二,内容与餐饮企业接轨,以企业的需求为教学目标,内容来自企业真实的工作任务,吸纳了烹饪行业企业的新知识、新技术、新工艺、新方法。企业技术人员与专业教师对烹饪经验的总结与提升融合在教材内容中,能让学生在学习中增长经验。教材注重与职业技能鉴定的内容相衔接,体现了烹饪的新要求,实用性强。

第三,在实现知识巩固、技能掌握的同时,强调方法能力和社会能力的培养,有助于学生综合职业能力的提升。例如在"加工过程"环节,按工作流程给出规范操作步骤,结合工作实际提示关键技能,预设可能会出现的问题,引导学生思考、探究,培养方法能力与社会能力。本教材还专门设计了综合实训单元,突出强调学生对不同岗位技能的全面掌握。

第四,按新型活页式、工作手册式教材设计,图文并茂,并配套开发了整套数字资源,如中餐烹饪原料加工关键技能视频、课件、试题。此外,教材中结合主任务,以数字化形式设计了相对应的任务拓展,增加学生知识技能积累。新型活页式及"纸数一体化"设计是本教材的突出特点,符合新时期学生学习特点。

本教材可作为职业教育中餐烹饪(餐饮)类专业学生的学习用书。在编写过程中,本教材教学目标还涵盖了中式烹调师五级、四级职业技能考核标准,因此,本教材同时适用于技能鉴定培训和各类相关企业培训。

本教材由正高级教师、全国模范教师、中国烹饪大师向军及具有丰富的星级酒店工作经验的王辰担任主编,李伟、吴玉忠担任副主编,牛京刚、刘雪峰、刘龙、李寅参编。本教材在编写过程中得到了北京市课改专家杨文尧校长、北京市烹饪特级教师李刚校长的指导,还得到了大董餐饮投资有限公司、希尔顿酒店集团、北京香港马会会所、道味餐厅等许多餐饮企业的大力支持,在此一并表示衷心感谢。

鉴于编者水平有限,本教材中遗漏和欠妥之处在所难免,真诚希望专家、同行批评指正,使我们能够进一步修订完善。

编　者

目 录

CONTENTS

第一单元
果蔬食用菌类原料的加工与处理

◆学习导读

一、单元学习目标

本单元的工作任务是在中餐厨房水台、砧板工作环境中以果蔬食用菌类原料为载体，通过水台、砧板工作过程使学生掌握初加工摘、洗、削、刮等技法，细加工直刀法推切、推拉切、锯切、滚料切及平刀法滚料上片、滚料下片等技法，为中餐厨房提供符合标准的成型原料，强化学生的基本功。

二、单元学习内容

本单元由6个学习任务组成。

任务一是叶菜类原料的加工与处理，选用的典型蔬菜是白菜。通过摘、洗等对原料进行初加工，利用直刀法推切和斜刀法斜刀拉片、斜刀推片等技法对白菜进行细加工。为了使学生更熟悉叶菜类原料的细加工，我们选择了芥蓝、油菜、小白菜进行拓展练习。

任务二是根茎类原料的加工与处理，选用的典型蔬菜是莴笋、土豆。通过摘、洗、挖、削等对原料进行初加工，利用直刀法推拉切等技法对莴笋和土豆进行细加工。 为了使学生更熟悉根茎类原料的细加工，我们选择了山药、芋头、芥菜疙瘩进行拓展练习。

　　任务三是瓜果类原料的加工与处理，选用的典型蔬菜是黄瓜。 通过摘、洗、削、刮等对原料进行初加工，利用直刀法滚料切及斜刀法斜刀推片（批）、平刀法滚料上片（批）及滚料下片（批）等技法对黄瓜进行细加工。 为了使学生更熟悉瓜果类原料的细加工，我们选择了丝瓜、茄子、冬瓜进行拓展练习。

　　任务四是豆类原料的加工与处理，选用的典型蔬菜是扁豆、白豆腐干、北豆腐。 通过摘、捡、洗等对原料进行初加工，利用直刀法推切和直刀法拉切等技法对扁豆、白豆腐干、北豆腐进行细加工。 为了使学生更熟悉豆类原料的细加工，我们选择了甜豆、白扁豆、豇豆进行拓展练习。

　　任务五是花菜类原料的加工与处理，选用的典型蔬菜是菜花。 通过摘、洗等对原料进行初加工，利用小刀削等技法对菜花进行细加工。 为了使学生更熟悉花菜类原料的细加工，我们选择了西蓝花、宝塔菜花进行拓展练习。

　　任务六是食用菌类原料的加工与处理，选用的典型食用菌类是香菇。 通过摘、洗等对原料进行初加工，利用直刀法推切等技法对香菇进行细加工。 为了使学生更熟悉食用菌类原料的细加工，我们选择了杏鲍菇、白灵菇、茶树菇进行拓展练习。

三、单元学习要求

　　本单元的学习任务要求在与企业厨房生产环境一致的实训环境中完成。 学生通过实际训练能够初步适应砧板工作环境；能够按照砧板岗位工作流程基本完成开档和收档工作；能够按照砧板岗位工作流程运用砧板原料细加工技法完成果蔬食用菌类原料的细加工。 为热菜厨房提供合格的细加工原料，并在工作中培养合作意识、安全意识和卫生意识。

四、岗位工作知识简介

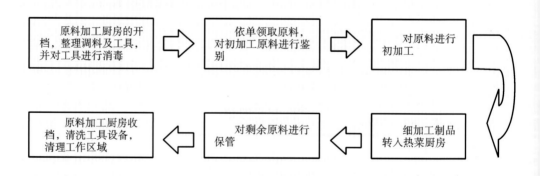

岗位工作流程

叶菜类原料的加工与处理

扫码看课件

【任务描述】

在中餐厨房水台、砧板工作环境中,通过运用初加工与细加工的技法完成叶菜类原料白菜的刀工成型处理。

【学习目标】

(1)学会对叶菜类原料白菜进行品质鉴别。

(2)能够运用摘、洗对白菜进行初加工。

(3)能用直刀法推切和斜刀法斜刀拉片、斜刀推片对白菜进行细加工。

(4)掌握对叶菜类原料进行合理保管的方法。

(5)初步培养学生食品安全和操作规范意识。

【知识技能准备】

一、白菜的原料知识及特点

白菜(图 1-1-1)是十字花科,芸薹属二年生草本,高可达 60 cm,全株无毛。基生叶多数,大形,倒卵状长圆形至宽倒卵形,顶端圆钝,边缘皱缩,波状;叶柄白色,扁平。花鲜黄色,萼片长圆形或卵状披针形,直立,淡绿色至黄色;花瓣倒卵形,果梗开展或上升,种子球状,棕色。原产于中国华北地区,现各地广泛栽培。白菜为中国东北及华北地区冬、春季主要蔬菜。生食、炒食、盐腌、酱渍均可,外层脱落的叶可作饲料。

图 1-1-1

白菜品种繁多,营养丰富,且具有一定的药用价值。

二、叶菜类原料的初加工与细加工技法

❶ 初加工技法　削、摘、洗。

❷ 细加工技法

(1)直刀法推切:这种刀法操作时要求刀与墩面垂直,刀自上而下、由后向前、推刀下去,一刀到底,着力点在刀的中后端将白菜断开。这种刀法主要用于把白菜加工成丝。在片的形状的基础上,施用此刀法,可加工出丁、丝、条、块、粒或其他几何形状。

(2)斜刀法斜刀拉片:这种刀法在操作时要求将刀身倾斜,刀背朝右前方,刀刃自左前方向右后方运动,将原料片(批)开。斜刀拉片适用于加工各种韧性原料,如腰子、净

Note

鱼肉、大虾肉、猪牛羊肉等,对白菜帮、油菜帮、扁豆等也可加工。

（3）斜刀法斜刀推片:这种刀法操作时要求刀身倾斜,刀背朝左后方,刀刃自左后方向右前方运动。主要应用这种刀法将原料加工成片的形状。斜刀推片适用于加工脆性原料,如芹菜、白菜等,对熟猪肚等软性材料也可用这种刀法加工。

三、白菜加工的注意事项

（1）白菜在初加工中主要以盐水洗涤,主要用于应季上市的新鲜白菜。此时,叶片或叶柄上的虫卵较多,单用清水难以洗掉。故应将加工整理的白菜放入 2% 的盐水中浸泡 5 min,使虫卵的吸盘收缩、脱落,然后用清水反复清洗干净。

（2）白菜的摘洗:按要求先摘后洗,注意烂叶、老叶必须清除,注意保持蔬菜营养价值不流失的方法。

图 1-1-2

（3）白菜初加工的数量应以销售预测为依据,以满足需求为前提,留有适量的储存周转量,避免加工过量而造成的浪费。

【成品标准】

一、初加工成品质量标准

表面光洁、无锈斑、无腐烂叶、分档合理（图1-1-2）。

二、细加工成品质量标准

细加工成品质量标准如图 1-1-3 所示。

白菜条(长7 cm、粗0.6 cm×0.6 cm)

白菜片(长6 cm、宽4 cm、厚0.4 cm)

白菜丝(长7 cm、粗0.3 cm×0.3 cm)

图 1-1-3

【加工过程】

一、制作准备

❶ **工具准备**　菜墩、片刀、料筐、配菜盘、方盘、保鲜膜。

❷ **原料准备**　白菜 2000 g。

二、白菜的初加工过程

白菜的初加工过程如图 1-1-4 所示。

技术要点:①白菜适度去根,以能将白菜帮轻松摘下为准。②掰白菜叶时应尽量把白菜叶及白菜帮完整取下。③清洗白菜时应尽量轻柔,不要损伤菜叶。

Note

步骤一：剥去白菜老叶、黄叶及虫卵杂物。　　步骤二：用刀切去白菜根。　　步骤三：摘去棕黑色烧心部分。

步骤四：清洗白菜。　　步骤五：将白菜叶、白菜帮分档，分别放入盘中。

视频：清洗白菜

图 1-1-4

三、白菜的细加工过程

❶ **直刀法推切白菜丝**　如图 1-1-5 所示。

步骤一：白菜叶与白菜帮用刀分开。　　步骤二：白菜帮推切成段。　　步骤三：刀从上至下，自右后方朝左前方推切下去，将原料切断。如此反复推切，至切完原料为止。

图 1-1-5

技术要点：直刀切丝要做到双垂直，刀与原料垂直、刀与墩面垂直，左手运用指法朝左后方移动，每次移动要求刀距相等。刀在运行切割白菜时，通过右手腕的起伏跳动，使刀产生一个小弧度，从而加大刀在白菜上的运行力度，避免"连刀"的现象。

❷ **斜刀法斜刀拉片切白菜片**　如图 1-1-6 所示。

技术要点：刀在运动过程中，刀膛要紧贴白菜，避免白菜粘走或滑动，刀身的倾斜度要根据白菜成型的规格要求灵活调整。每片（批）一刀以后，刀与左手同时移动一次，并保持刀距相等。

步骤一：白菜放置在墩面，将白菜帮从中间切开。　步骤二：用刀刃的中部对准白菜被片（批）部位，按照目测的厚度，刀倾斜45°片入原料，从刀刃的中部向后拉动，将白菜片（批）开，直至将白菜片完为止。🖥

图 1-1-6

视频：斜刀拉片切白菜片

❸ **斜刀法斜刀推片切白菜片**　如图 1-1-7 所示。

步骤一：白菜放置在墩面，将白菜帮从中间切开。　步骤二：左手扶按白菜，中指第一关节微屈，并顶住刀膛，右手持刀，刀身倾斜，用刀刃中前部对准白菜被片（批）的位置，刀身从左后方向右前方斜刀片（批）进，使白菜断开，如此反复斜刀推片。🖥

图 1-1-7

视频：斜刀推片切白菜片

技术要点：刀膛要紧贴左手关节，每切一刀，左手与刀向左后方同时移动一次，并保持刀距一致，刀身倾斜角度应根据加工成型原料的规格灵活调整。

❹ **原料切制成型后的保鲜知识**　将加工好的白菜丝和白菜片分别放入保鲜盒内，外标加工原料名称、加工日期、重量和加工厨师姓名，入保鲜柜保鲜（温度控制在 1～4 ℃）。

【评价检测】

一、初加工评价标准

原料名称	评价标准	配分
白菜（2500 g）	白菜初加工完成后，表面光洁，无锈斑，无腐烂叶	30
	分档合理	30
	10 min 内加工完成	20
	操作过程符合水台卫生标准	20

Note

二、细加工评价标准

原料名称	评价标准	配分
白菜(2500 g)	白菜条长 7 cm、粗 0.6 cm×0.6 cm	25
	白菜片长 6 cm、宽 4 cm、厚 0.4 cm	25
	白菜丝长 7 cm、粗 0.3 cm×0.3 cm	25
	10 min 内加工完成	15
	操作过程符合砧板卫生标准	10

任务拓展

知识链接

Note

任务二

根茎类原料的加工与处理

扫码看课件

【任务描述】

在中餐厨房水台、砧板工作环境中,通过运用初加工与细加工的技法完成根茎类原料莴笋、土豆的刀工成型处理。

【学习目标】

(1) 能够对莴笋、土豆进行品质鉴别。

(2) 能够运用刷、削、剥、清洗、浸泡对莴笋、土豆进行初加工。

(3) 能用直刀法推拉切、锯切对莴笋、土豆进行细加工。

(4) 能够对莴笋、土豆及剩余原料进行保管。

(5) 水台与砧板岗位能够较熟练沟通,工作环节衔接紧密。

【知识技能准备】

一、莴笋的原料知识及特点

莴笋(图 1-2-1)又称莴苣,别名茎用莴苣、莴苣笋、青笋、莴菜,菊科莴苣属莴苣种,能形成肉质嫩茎的变种,一二年生草本植物。产期 1—4 月。莴笋原产地在地中海沿岸,大约在五世纪传入中国。地上茎可供食用,茎皮白绿色,茎肉质脆嫩,幼嫩茎翠绿色,成熟后转变为白绿色。主要食用肉质嫩茎,可生食、凉拌、炒食、干制或腌渍,嫩叶也可食用。茎、叶中含莴苣素,味苦,有镇痛的作用。莴笋的适应性强,可春秋两季或越冬栽培,以春季栽培为主,夏季收获。莴笋根据叶片形状可分为尖叶和圆叶两个类型,各类型中根据茎的色泽又有白笋(外皮绿白)、青笋(外皮浅绿)和紫皮笋(外皮紫绿色)之分。

图 1-2-1

❶ 尖叶莴笋　叶片披针形,先端尖,叶簇较小,节间较稀,叶面平滑或略有皱缩,色绿或紫。肉质茎呈棒状,下粗上细。较晚熟,苗期较耐热,可秋季或越冬栽培。主要品种有柳叶莴笋、北京紫叶莴笋、陕西尖叶白笋、成都尖叶子、重庆万年桩、上海尖叶、南京白皮香早种等。

❷ 圆叶莴笋　叶片长倒卵形,顶部稍圆,叶面皱缩较多,叶簇较大,节间密,茎粗大(中下部较粗,两端渐细),成熟期早,耐寒性较强,不耐热,多作为越冬春莴笋栽培。主要品种有北京鲫瓜笋,成都挂丝红、二白皮、二青皮、济南白莴笋,陕西圆叶白笋,上海小

Note

圆叶、大圆叶,南京紫皮香,湖北孝感莴笋,湖南锣锤莴笋等。

二、土豆的原料知识及特点

土豆(图1-2-2)别称马铃薯、地蛋、洋芋等。土豆的人工栽培地最早可追溯到公元前8000年到公元前5000年的秘鲁南部地区。土豆,高15~80 cm,无毛或被疏柔毛。茎分地上茎和地下茎两部分。土豆是中国五大主食之一,其营养价值高、适应力强、产量大,是全球第四大重要的粮食作物,仅次于小麦、稻谷和玉米。土豆主要生产国有中国、俄罗斯、印度、乌克兰、美国等。中国是世界土豆总产最多的国家。

图 1-2-2

土豆是块茎繁殖,可入药,性平味甘。作为食物,其保存周期不宜太长,一定要低温、干燥、密闭保存。

彩色土豆有紫色、红色、黑色、黄色。彩色土豆可作为特色食品开发。由于本身含有抗氧化成分,因此经高温油炸后彩色薯片仍保持着天然颜色。另外,紫色土豆对光不敏感,油炸薯片可长时间保持原色。中国已培育出以紫色、红色为主的优质彩色土豆,将紫色、红色土豆老品种与优良高产土豆品种杂交,改良筛选出100多种不同品系的彩色土豆。

三、根茎类原料的初加工与细加工技法

❶ 初加工技法　刷、洗、削、摘、挖。蔬菜主要清洗方法有冷水洗、盐水洗。

❷ 细加工技法

(1) 直刀法推拉切:推拉切刀法是刀刃前部切入原料之后,先从右后方向左前方推切下去,切至一半后再由左前方向右后方拉刀,直至切断原料的方法。推拉切是推切和拉切两个动作的结合。

适用原料:冬笋、胡萝卜、猪肉、鸡肉等。

(2) 直刀法锯切:锯切刀法是推切和拉切刀法的结合,锯切是比较难掌握的一种刀法。锯切刀法是刀与原料垂直,切时先将刀向前推,然后向后拉。这样一推一拉反复进行像拉锯一样切断原料。

适用原料:火腿、豆腐干、猪肉、羊肉、莴笋、白萝卜等。

四、莴笋、土豆初加工注意事项

❶ 去皮整理　莴笋、土豆有较厚的外皮,不宜食用,应该去除。整理后再用小刀去除虫洞及外伤部分。

❷ 洗涤　莴笋、土豆去皮后清洗即可,为避免发生氧化现象,洗涤后及时浸泡于水中,以防止变色,注意浸泡时间不宜过长以免原料中水溶性营养成分损失过多。

❸ 保鲜　根茎类蔬菜是指以植物的根茎为食用部分的蔬菜。根茎类蔬菜的初步加工方法较为简单,即去皮后用清水洗净即可。但必须注意,根茎类蔬菜大多含有一定量的鞣酸,去皮后鞣酸与空气直接接触容易氧化变色。所以在去皮后应立即放入水中浸泡,隔绝与空气的接触,以防变成锈斑色而影响食品的色泽。

【成品标准】

一、初加工成品质量标准

初加工成品质量标准如图 1-2-3 所示。

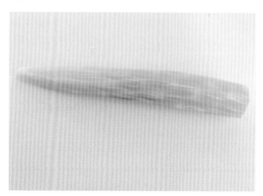 

莴笋初加工完成,应清洗后表面光洁,莴笋无白色硬筋,干净卫生。

土豆初加工完成,应清洗后表面光洁,土豆无疤结、无绿芽,干净卫生。

图 1-2-3

二、细加工成品质量标准

细加工成品质量标准如图 1-2-4 所示。

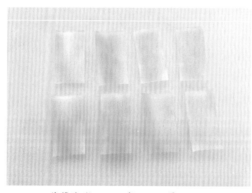 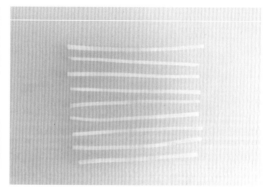

莴笋片(长6 cm、宽4 cm、厚0.2 cm)

土豆丝(长7 cm、粗0.3 cm×0.3 cm)

图 1-2-4

【加工过程】

一、制作准备

❶ 工具准备 菜墩、片刀、料筐、方盘、不锈钢盆、保鲜膜。

❷ 原料准备 莴笋 1000 g、土豆 500 g。

二、莴笋、土豆的初加工过程

❶ 莴笋初加工 如图 1-2-5 所示。

技术要点:①莴笋老叶、黄叶要去除干净,嫩叶、嫩心可以留用。②莴笋皮要去除干净,不要留老筋。③可用刮皮刀修整。

❷ 土豆初加工 如图 1-2-6 所示。

技术要点:①土豆打皮要准而薄,不可去皮过厚造成浪费。②出芽的土豆要将其毒

步骤一：去掉老叶、烂叶。

步骤二：切掉莴笋根。

步骤三：削去莴笋皮。

步骤四：清洗加工好的莴笋。

图 1-2-5

步骤一：去掉土豆皮。

步骤二：用刀挖掉绿芽及杂物。

步骤三：清洗加工好的土豆。

图 1-2-6

芽去除干净，避免食物中毒。

三、莴笋、土豆的细加工过程

❶ **直刀法推拉切莴笋片**　如图 1-2-7 所示。

技术要点：持刀稳、握刀姿势正确、手腕和小臂协调用力。双手紧密配合，左手弯曲呈弓形按住原料，中指第一关节顶住刀身，右手拿稳刀，先推后拉，行刀断料。

❷ **直刀法推拉切土豆丝**　如图 1-2-8 所示。

技术要点：首先要求掌握推切和拉切各自的刀法，再将两种刀法连贯起来。操作时，用力要充分有力，动作要连贯。

❸ **原料切制成型后的保鲜知识**　将加工好的土豆丝和莴笋片分别放入保鲜盒内，外标加工原料名称、加工日期、重量和加工厨师姓名，入保鲜柜保鲜（温度控制在 $1\sim4$ ℃）。

步骤一:左手按住原料,防止原料滑动。用中指第一关节弯曲处顶住刀膛。

步骤二:右手持刀,刀身与手背、小臂成一条直线。刀从上至下,刀刃进入原料后,先进行推切,推切近一半后往后拉刀切断原料。如此反复将原料切完。▣

图 1-2-7

步骤一:土豆切出一个截面,以便于更稳固地放在墩面。

步骤二:利用推拉切技法切出土豆片。

步骤三:土豆片重叠放置于墩面,利用推拉切技法切出土豆丝。▣

图 1-2-8

【评价检测】

一、初加工评价标准

原料名称	评价标准	配分
土豆(500 g) 莴笋(1000 g)	莴笋、土豆初加工完成,应清洗后表面光洁,无锈斑,无老筋	30
	分档合理	30
	15 min 内加工完成	20
	操作过程符合水台卫生标准	20

二、细加工评价标准

原料名称	评价标准	配分
土豆(500 g) 莴笋(1000 g)	莴笋片长 6 cm、宽 4 cm、厚 0.2 cm	30
	土豆丝长 7 cm、粗 0.3 cm×0.3 cm	30
	8 min 内加工完成土豆丝	15
	8 min 内加工完成莴笋片	15
	操作过程符合砧板卫生标准	10

 Note

瓜果类原料的加工与处理

扫码看课件

【任务描述】

在中餐厨房水台、砧板工作环境中,通过运用初加工与细加工的技法完成瓜果类原料黄瓜的刀工成型处理。

【学习目标】

(1) 学会对瓜果类原料黄瓜进行品质鉴别。

(2) 运用刷、削、清洗对黄瓜进行初加工。

(3) 能用直刀法滚料切、斜刀法斜刀推片(批)、平刀法滚料片对黄瓜进行细加工。

(4) 能够对黄瓜及剩余原料进行保管。

(5) 培养学生的卫生习惯和行业规范。

【知识技能准备】

一、黄瓜的原料知识及特点

瓜果类品种主要有番茄、黄瓜、辣椒、冬瓜、南瓜等,瓜果类蔬菜含水量最多。越是鲜嫩多汁,其质量就越好,维生素含量越高。但是含水量高的瓜果类蔬菜不易储藏与保存,容易腐烂变质。

黄瓜(图 1-3-1),葫芦科一年生蔓生或攀缘草本植物,也称胡瓜、青瓜。茎、枝伸长,有棱沟,被白色的糙硬毛,卷须细。叶柄稍粗糙,有糙硬毛;叶片呈宽卵状心形,膜质,裂片三角形,有齿。雌雄同株。雄花:常数朵在叶腋簇生;花梗纤细,被微柔毛;花冠黄白色,花冠裂片呈长圆状披针形。雌花:单生或稀簇生;花梗粗壮,被柔毛;子房粗糙。果实呈长圆形或圆柱形,熟时黄绿色,表面粗糙。种子小,狭卵形,白色,无边缘,两端近急尖。花果期为夏季。中国各地普遍栽培,现广泛种植于温带和热带地区。

图 1-3-1

根据黄瓜的分布区域及其生态学性状分下列类型。

❶ **南亚型** 分布于南亚各地。茎叶粗大,易分枝,果实大,单果重 1~5 kg,果短圆筒或长圆筒形,皮色浅,瘤稀,刺黑或白色。皮厚,味淡。喜湿热,严格要求短日照。地方品种群很多,如锡金黄瓜、中国西双版纳黄瓜及昭通大黄瓜等。

Note

② **华南型**　分布在中国长江以南及日本各地。茎叶较繁茂,耐湿、热,为短日性植物,果实较小,瘤稀,多黑刺。嫩果绿、绿白、黄白色,味淡;熟果黄褐色,有网纹。代表品种有昆明早黄瓜、广州二青、上海杨行、武汉青鱼胆、重庆大白及日本的青长等。

③ **华北型**　分布于中国黄河流域以北及朝鲜、日本等地。植株生长势均中等,喜土壤湿润、天气晴朗的自然条件,对日照长短的反应不敏感。嫩果棍棒状,绿色,瘤密,多白刺。熟果黄白色,无网纹。代表品种有山东新泰密刺、北京大刺瓜、唐山秋瓜、北京丝瓜青等。

④ **欧美型**　分布于欧洲及北美洲各地。茎叶繁茂,果实圆筒形,中等大小,瘤稀,白刺,味清淡,熟果浅黄或黄褐色,有东欧、北欧、北美等品种群。

欧美温室黄瓜分布于英国、荷兰。茎叶繁茂,耐低温、弱光,果面光滑,浅绿色,有英国温室黄瓜、荷兰温室黄瓜等。

⑤ **小型黄瓜**　分布于亚洲及欧美各地。植株较矮小,分枝性强,多花多果。代表品种有扬州长乳黄瓜等。

二、瓜果类原料的初加工与细加工技法

① **初加工技法**　刷、削、清洗等。

② **细加工技法**

(1) 直刀法滚料切:滚料切又称为"滚切",是将原料加工成滚料块(或称滚刀块)的一种直刀法,主要用于圆形、圆柱形、圆锥形等原料。操作时左手按住原料,右手持刀,刀面与原料成一定夹角。每切一刀,将原料滚动一次,从而加工成不规则块状。

滚料切适用于加工各种质地松软、韧性及脆性原料。

行 业 术 语

1. 滚刀块:采用原料滚动、斜立刀的方法,将原料切成基本相同的块。

2. 象眼块:两头尖、中间宽,一般长 4 cm、中间宽 1.5 cm、厚 1.5 cm,斜度 2.5 cm。其大小可根据主料、盛器的大小酌情而定,有些类似菱形,似大象的眼睛。

3. 菱形块:和象眼块相仿,但没象眼块那么规则。

4. 骨牌块:呈长方形,一般长 5 cm、宽 2.5 cm、厚 7 mm 厚,小的长 2.5 cm。其大小可根据具体情况而定。

5. 劈柴块:不规则原料加工成基本一致的块,一般长 5 cm,宽、厚各 1 cm。

---

(2) 斜刀法斜刀推片(批):斜刀法是一种刀与墩面或刀与原料之间成大于0°且小于90°或大于90°且小于180°的一个斜角,左手扶稳原料,右手持刀,使刀在原料中做倾斜运动,将原料片(批)开的一种行刀技法。这种刀法按照刀具与墩面或原料所成的角度称为斜刀法,它可以分为斜刀拉片和斜刀推片两种方法。刀口向里,刀膛外侧与墩面或原料成 0°～90°的行刀技法称为斜刀拉片(批)。刀口向外,刀膛里侧与墩面或原料成 90°～180°的行刀技法称为斜刀推片(批)。斜刀法主要用于将原料加工成片的形状。

适用原料:黄瓜、西芹、苦瓜、白菜等。

(3) 平刀法滚料片(批):平刀法滚料片(批)又称旋料片(批),可分为滚料上片和滚料下片两种操作方法。下片操作时要求刀膛与墩面平行,刀从右向左运动,同时原料由右向左不断滚动,片(批)下原料。上片操作时要求刀膛与原料平行,刀从右向左运动,同时原料由左向右不断滚动,片(批)下原料。应用这种刀法主要是将圆形或圆柱形的原料加工成较大的片。

适用原料:黄瓜、胡萝卜、猪通脊、鸡脯等。

三、黄瓜加工的注意事项

❶ **去皮(也可不去皮)整理**　黄瓜皮也是可利用的食材。整理后可以妥当保存。

❷ **洗涤**　黄瓜去皮后(也可不去皮)清洗即可,为避免发生氧化现象,洗涤后及时浸泡于水中,注意浸泡时间不宜过长以免原料中水溶性营养成分损失过多。

❸ **保鲜**　瓜果类蔬菜的初加工方法较为简单,去皮(也有不去皮)后用清水洗净即可。但必须注意,瓜果类蔬菜维生素含量较高,去皮后浸泡时间不宜过长。

【成品标准】

一、初加工成品质量要求

技术要点:黄瓜初加工完成,去皮黄瓜应清洗后表面光洁,带皮黄瓜表面的刺刷洗应干净,干净卫生(图 1-3-2)。

图 1-3-2

二、细加工成品质量要求

细加工成品质量要求如图 1-3-3 所示。

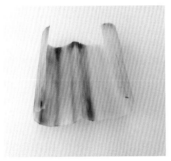
滚料片(长3.5 cm、宽2.5 cm、厚0.3 cm)

斜刀片(厚0.2 cm)

滚刀块(根据烹调食用要求灵活掌握)

图 1-3-3

【加工过程】

一、制作准备

❶ **工具准备**　菜墩、片刀、料筐、方盘、不锈钢盆、保鲜膜。

❷ **原料准备**　黄瓜 2000 g。

二、黄瓜的初加工过程

黄瓜的初加工过程如图 1-3-4 所示。

步骤一：清洗黄瓜。　　　　步骤二：用片刀切掉根部。　　　步骤三：去掉黄瓜皮。

图 1-3-4

三、黄瓜的细加工过程

❶ **黄瓜切滚刀块**　如图 1-3-5 所示。

步骤一：左手按住原料，右手持刀。　步骤二：刀身垂直，与原料成一定　步骤三：每切一刀，将原料滚动一
　　　　　　　　　　　　　　　　　的夹角。　　　　　　　　　　　次，直到切完为止。

图 1-3-5

❷ **黄瓜斜刀推片**　如图 1-3-6 所示。

技术要点：每切一刀，就要将左手向后退一次，每次向后移动的距离要基本一致，使切下的原料大小、厚薄一致。根据原料规格决定刀的倾斜度。刀不宜提得过高，以免伤手。

❸ **黄瓜滚料上片**　如图 1-3-7 所示。

技术要点：刀要端平，不可忽高忽低，否则容易将原料中途片（批）断，影响成品质量和规格，刀推进的速度与原料滚动的速度应保持一致。片制过程中避免中途抽刀，尽量一气呵成。

❹ **黄瓜滚料下片**　如图 1-3-8 所示。

技术要点：在操作过程中，刀膛与墩面应始终保持平行，刀刃在运行时不可忽高忽低，否则会影响成型规格和质量，原料滚动的速度应与刀运行的速度一致。片制过程中避免中途抽刀，尽量一气呵成。

❺ **原料切制成型后的保鲜知识**　将加工好的黄瓜片和滚刀块分别放入保鲜盒内，外标加工原料名称、加工日期、重量和加工厨师姓名，入保鲜柜保鲜（温度控制在 1～4 ℃）。

Note

步骤一：原料放置于菜墩中心，将黄瓜一分为二。　　步骤二：刀刃向外，刀身紧贴左手四指，与原料、菜墩成锐角。运刀方向由左后方向右前方推进，使原料断开。

图 1-3-6

视频：黄瓜滚料上片

步骤一：原料放置在墩面里侧，左手扶稳原料，右手持刀与墩面或原料平行，用刀刃的中前部对准原料被片（批）的位置，并将刀锋进入原料。　　步骤二：左手将原料平稳地向右推动，使原料慢慢地转动，右手持刀随着原料的滚动也向左同步运行，逐将原料片开。　　步骤三：刀具在原料中如此反复运行，直至将原料表皮全部片下或加工至所需要大小的片为止。💻

图 1-3-7

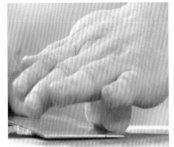

视频：黄瓜滚料下片

步骤一：原料放置在墩面里侧，左手扶稳原料，右手持刀端平，用刀刃的中部对准原料被片（批）的部位，根据需要的厚度使刀锋进入原料内部。　　步骤二：用左手的四个手指慢慢拉动原料，使原料慢慢地向左边滚动，右手持刀也随之向左边慢慢片（批）进。　　步骤三：刀具在原料内按照此法反复进行，直至将原料完全片（批）开，或加工成需要的规格。💻

图 1-3-8

Note

【评价检测】

一、初加工评价标准

原料名称	评价标准	配分
黄瓜（2000 g）	黄瓜初加工完成，应清洗后表面光洁，无腐烂变质	30
	初加工技法得当	30
	10 min 内加工完成	20
	操作过程符合水台卫生标准	20

二、细加工评价标准

原料名称	评价标准	配分
黄瓜（2000 g）	黄瓜片长 3.5 cm、宽 2.5 cm、厚 0.3 cm	25
	滚料上片厚 0.2 cm	25
	滚料下片厚 0.2 cm	25
	10 min 内加工完成	15
	操作过程符合砧板卫生标准	10

任务拓展

知识链接

Note

任务四

豆类原料的加工与处理

扫码看课件

【任务描述】

在中餐厨房水台、砧板工作环境中,通过运用初加工与细加工的技法完成豆类、豆制品类原料的刀工成型处理。

【学习目标】

(1) 学会对豆类、豆制品类原料扁豆、白豆腐干、北豆腐进行品质鉴别。

(2) 能够运用拣、摘、清洗对扁豆进行初加工。

(3) 能用直刀法推切、直刀法拉切对扁豆进行细加工,用直刀法推切对北豆腐进行细加工,用平刀法抖刀片、推切对白豆腐干进行细加工。

(4) 掌握对豆类、豆制品类原料进行合理保管的方法。

(5) 培养学生食品安全和操作规范意识。

【知识技能准备】

一、扁豆的原料知识介绍

扁豆(图1-4-1)在中国各地广泛栽培,全世界各热带地区均有栽培。中国主产于山西、陕西、甘肃、河北、河南、湖北、云南、四川等地。

扁豆干豆含蛋白质20.4%,鲜豆含蛋白质2.5%。对扁豆蛋白质的提取及其功能特性方面的研究报道极少,国内研究最多的是扁豆蛋白质中具有生物活性的一些酶类,如胰蛋白酶抑制剂、抗虫蛋白等。淀粉是扁豆的主要成分,

图1-4-1

含量为47.86%~57.29%,可作为营养稳定剂提供特性黏度、组织黏稠等功能特性。

扁豆中含有皂素、红细胞凝集素等天然毒素,在高温下可失去毒性,所以制作扁豆菜肴时,需要加热至100 ℃并持续较长时间才能食用。

二、白豆腐干的原料知识介绍

白豆腐干(图1-4-2)是扬州地区传统豆制品之一,是黄豆的加工制品。咸香爽口,硬中带韧,久放不坏,是扬州地区独有的豆制品。

三、北豆腐的原料知识介绍

豆腐(图1-4-3)是最常见的豆制品,又称水豆腐。相传为汉朝淮南王刘安发明。主要的生产过程,一是制浆,即将大豆制成豆浆;二是凝固成型,即豆浆在热与凝固剂的共

同作用下凝固成含有大量水分的凝胶体,即豆腐。

 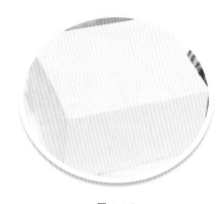

图 1-4-2　　　　　　　　　　　　　图 1-4-3

　　豆腐是我国素食菜肴的主要原料,在先民记忆中刚开始很难吃,经过不断的改造,逐渐受到人们的欢迎,被人们誉为"植物肉"。豆腐可以常年生产,不受季节限制,因此在蔬菜生产淡季,可以用其调剂菜肴品种。

　　豆腐有南北豆腐之分,主要区别在于点豆腐的材料不同。南豆腐用石膏点制,因凝固的豆腐花含水量较高而质地细嫩,水分含量在 90% 左右;北豆腐多用卤水或酸浆点制,凝固的豆腐花含水量较少,质地较南豆腐老,水分含量在 85% 左右,其由于含水量更少,故而豆腐味更浓,质地更韧,也较容易烹饪。豆腐是中国的传统食品,味美而养生。

　　豆腐存放时间长了很容易变黏,影响口感,只要把豆腐放在盐水中煮开,放凉后连水一起放在保鲜盒里再放进冰箱,则至少可以存放一个星期不变质。

　　鲜豆腐可以冷藏保存,真空包装的豆腐一旦包装被打开就必须保存好,可将之放入水中,然后用密封盒装好放在冰箱里。每隔两天换一次水,可以保存一周。冷冻后的豆腐更有弹性,颜色泛黄。烹饪前应在冰箱内解冻,从而尽可能少地改变其质地并防止滋生细菌。

四、豆类原料的初加工与细加工技法

❶ 初加工技法　洗、拣、摘。(洗、拣、摘概念请参考本单元任务一中初加工技法。)

❷ 细加工技法

(1)直刀法推切:这种刀法操作时要求刀与墩面垂直,刀自上而下从右后方向左前方推刀下去,一刀到底,着力点在刀的中端将原料断开。再施用其他刀法,加工出丁、丝、条、粒、段或其他几何形状。适用原料:黄瓜、西葫芦、豇豆等。

(2)直刀法拉切:拉切的操作方法为刀口由上到下,由前向后运动,刀的着力点在前端,还有一种手法是握住刀面由前向后速度特别快地拉,一般适合于脆性原料。推拉切的刀面必须垂直于原料,切时刀向左前方推切,然后向右后方拉切,着力点在刀的前端,一刀拉到底。一般用于切质地坚韧的原料。适用原料:萝卜、土豆、扁豆、猪肉、羊肉等。

(3)平刀法抖刀片:抖刀片又称抖刀批,用力方法同平刀片,所不同的是刀在运行过程中,刀刃在原料内波浪式前进。它适合于片柔软而略带脆性的原料,使刀口呈波浪形。

五、豆类原料的加工注意事项

❶ **洗涤**　扁豆整理后浸泡、清洗、沥水即可,为避免发生氧化现象,洗涤后及时浸泡于水中,注意浸泡时间不宜过长,以免原料中水溶性营养成分损失过多。

❷ **保鲜**　扁豆是指以植物的果实为食用部分的蔬菜。豆类蔬菜的初步加工方法较为简单,去筋、去蒂;也有的出豆,如豌豆、毛豆、蚕豆等。用清水洗净即可。但必须注意,豆类蔬菜维生素含量较高,浸泡时间不宜过长。豆制品类加工后容易变质,可用清水加盐浸泡,封保鲜膜置冰箱保鲜。

【成品标准】

一、扁豆初加工成品质量标准

技术要点:扁豆初加工完成后,应去掉老筋,去头尾,清洗后表面光洁,干净卫生(图1-4-4)。

图 1-4-4

二、扁豆细加工成品质量标准

扁豆细加工成品质量标准如图 1-4-5 所示。

扁豆段(长6 cm、粗0.8 cm×0.8 cm)

扁豆丝(长7 cm、宽0.3 cm、厚0.3 cm)

图 1-4-5

三、白豆腐干、北豆腐成品质量标准

白豆腐干、北豆腐成品质量标准如图 1-4-6 所示。

【加工过程】

一、制作准备

❶ **工具准备**　菜墩、片刀、料筐、方盘、不锈钢盆、码斗、保鲜膜等。
❷ **原料准备**　扁豆 1000 g、白豆腐干 300 g、北豆腐 500 g。

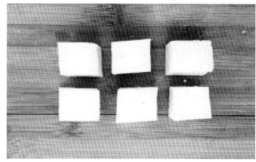

白豆腐干丝(长7 cm、粗0.2 cm×0.2 cm)　　　　　北豆腐丁(2 cm见方)

图 1-4-6

二、扁豆的初加工过程

扁豆的初加工过程如图 1-4-7 所示。

步骤一：扁豆去蒂。　　　步骤二：扁豆去筋。　　　步骤三：清洗加工好的扁豆并浸泡
　　　　　　　　　　　　　　　　　　　　　　　　　　　沥水。

图 1-4-7

三、扁豆、白豆腐干、北豆腐的细加工过程

❶ 扁豆切段　如图 1-4-8 所示。

步骤一：左手扶稳扁豆，右手持刀。　步骤二：用刀刃的前部对准原料被　步骤三：刀从上至下，自右后方朝
　　　　　　　　　　　　　　　　　切位置。　　　　　　　　　　　　左前方推切下去，将原料切断。如
　　　　　　　　　　　　　　　　　　　　　　　　　　　　　　　　　此反复推切，至切完原料为止。

图 1-4-8

技术要点：右手运刀垂直于原料，每次移动要求刀距相等。刀在运行切割扁豆时，通过右手腕的摆动，使刀产生一个小弧度，从而加大刀在扁豆上的运行距离，运刀要充分、有力，一刀将扁豆推切断开且长短一致。

❷ 扁豆切丝　如图 1-4-9 所示。

技术要点：持刀稳、握刀姿势正确、手腕和小臂协调用力。双手紧密配合，左手弯曲

Note

视频:扁豆切丝

步骤一：左手弯曲呈弓形按住原料，防止原料滑动。　步骤二：右手持刀，刀身与手臂呈一条直线。刀从上至下，刀刃进入原料后，先进行推切，推切近一半后往后拉刀断料。

图 1-4-9

呈弓形按住原料，中指第一关节顶住刀身；右手拿稳刀，先推后拉，行刀断料。

❸ **白豆腐干切丝**　如图 1-4-10 所示。

视频:白豆腐干切丝

步骤一：白豆腐干平放于墩面右下方，左手按稳原料，右手持刀。找准片厚度，刀刃入原料，用力推动向前平片。　步骤二：右手刀刃用力推动向前平片，快到尽头时，左手掌根与右手持刀相对用力将白豆腐干片下，并均匀码放整齐，准备切丝。　步骤三：片好的豆腐片利用直刀法推切出丝。

图 1-4-10

技术要点：刀刃要准确，抖刀片的过程要一气呵成不能停顿，否则容易断。操作过程注意安全，用力均匀，不要过猛。

❹ **北豆腐切丁**　如图 1-4-11 所示。

步骤一：北豆腐用平刀法片出厚2 cm的片。　步骤二：用直刀法推切，切成宽2 cm的条。　步骤二：用直刀法推切豆腐条，切成2 cm见方的丁。

图 1-4-11

技术要点：平刀法片北豆腐时刀要稳、要平，否则片出的片薄厚不一致。

❺ **原料切制成型后的保鲜知识**　将加工好的扁豆段、扁豆丝、北豆腐丁、白豆腐干

Note

丝分别放入保鲜盒内(北豆腐丁、白豆腐干丝用清水加一点盐浸泡可保存更长时间),外标加工原料名称、加工日期、重量和加工厨师姓名,入保鲜柜保鲜(温度控制在1～4 ℃)。

【评价检测】

一、初加工评价标准

原料名称	评价标准	配分
扁豆(1000 g)	扁豆初加工完成,应清洗后表面光洁,形态规整、无损伤	35
	10 min内加工完成	35
	操作过程符合水台卫生标准	30

二、细加工评价标准

原料名称	评价标准	配分
扁豆(1000 g) 白豆腐干(300 g) 北豆腐(500 g)	扁豆段长6 cm、粗0.8 cm×0.8 cm	15
	扁豆丝长7 cm、宽0.3 cm、厚0.3 cm	15
	白豆腐干丝长7 cm、粗0.2 cm×0.2 cm	25
	北豆腐切成2 cm见方的大丁	15
	30 min内加工完成	15
	操作过程符合砧板卫生标准	15

任务拓展

知识链接

花菜类原料的加工与处理

扫码看课件

【任务描述】

在中餐厨房水台、砧板工作环境中,通过运用初加工与细加工的技法完成花菜类原料菜花的刀工成型处理。

【学习目标】

(1) 学会对花菜类原料菜花进行品质鉴别。

(2) 能够运用拣洗、拣摘对菜花进行初加工。

(3) 能用小刀削法对菜花进行细加工,能用直刀法推切对菜花根部进行丁的加工。

(4) 掌握对花菜类原料进行合理保管的方法。

(5) 培养学生食品安全和操作规范意识。

【知识技能准备】

一、菜花的原料知识及特点

菜花(图 1-5-1),又称花椰菜、花菜或椰菜花,是一种十字花科蔬菜,为甘蓝的变种。菜花的头部为白色花序,与西蓝花的头部类似。菜花富含 B 族维生素、维生素 C。这些属于水溶性成分,易受热分解而流失,所以菜花不宜高温烹调,也不适合水煮。原产于地中海沿岸,其可食用部位为洁白、短缩、肥嫩的花蕾、花枝、花轴等聚合而成的花球,是一种粗纤维含量少,品质鲜嫩,营养丰富,风味鲜美,人们喜食的蔬菜。菜

图 1-5-1

花挑选以肥大、洁白、硬度大、紧实、无虫蛀、无损伤、不腐烂者为佳。

二、花菜类原料的初加工与细加工技法

1 初加工技法 洗、拣、摘。

2 细加工技法

(1) 小刀削法:这种刀法操作时要求右手持刀,左手拿料,从菜花朵形中部入刀,削成大小一致的朵形,然后将每朵末端削成锥形。

(2) 直刀法推切:这种刀法操作时要求刀与墩面垂直,刀自上而下从右后方向左前方推刀下去,一刀到底,着力点在刀的后端将菜花梗断开。这种刀法主要用于把菜花梗加工成丁的形状。再施用其他刀法,可加工出丝、条、粒或其他几何形状。适用原料:油

菜心、西蓝花、宝塔菜、芥蓝等。

三、菜花的加工注意事项

（1）菜花的整理：菜花应按摘、削的顺序整理。

（2）菜花的洗涤：菜花整理后浸泡、清洗、沥水即可，为避免发生氧化现象，洗涤后及时浸泡于水中，注意浸泡时间不宜过长，以免原料中水溶性营养成分损失过多。

（3）菜花初加工的数量应以销售预测为依据，以满足需求为前提，留有储存周转量，避免加工过量而造成的浪费。

【成品标准】

一、初加工成品质量标准

菜花初加工后洁白干净，无小虫、虫卵及锈斑污渍（图 1-5-2）。

图 1-5-2

二、细加工成品质量标准

细加工成品质量标准如图 1-5-3 所示。

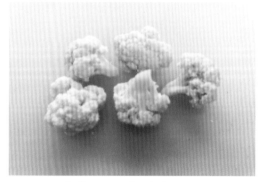 

朵(长3.5 cm、宽不超过3.5 cm)　　　　丁(1 cm见方)

图 1-5-3

【加工过程】

一、制作准备

❶ **工具准备**　菜墩、片刀、料筐、码斗、不锈钢盆、保鲜膜。

❷ **原料准备**　菜花 1500 g。

二、菜花的初加工过程

菜花的初加工过程如图 1-5-4 所示。

Note

步骤一：去掉菜花绿叶。

步骤二：削去菜花表面斑迹。

步骤三：清洗加工好的菜花并且浸泡、沥水。

图 1-5-4

三、菜花的细加工过程

❶ 小刀削朵　如图 1-5-5 所示。

步骤一：手扶稳菜花，用刀刃的前部对准原料被切位置。

步骤二：刀从上至下将原料切断。

步骤三：用手和刀掰开朵瓣，至切完原料为止。

视频：菜花小刀削朵

图 1-5-5

技术要点：削成大小一致的朵形，在加工过程中，应注意削制的手法，避免浪费。

❷ 菜花梗切丁　如图 1-5-6 所示。

步骤一：左手扶稳菜花梗，用中指第一关节弯曲处顶住刀膛。

步骤二：拿稳菜花梗切成条。

步骤三：将菜花条切成 1 cm 见方的丁。

图 1-5-6

技术要点：左手按稳原料，以防切时滑动。右手持刀，刀身垂直。直切时左右两手配合要协调，左手手指自然弯曲呈弓形按住原料，随刀的起伏同步向后移动。右手落刀距离以左手向后移动的距离为准，将刀紧贴中指向下切。在菜墩上码放整齐，直切时动

Note

作要连贯,直接将原料切断。

❸ **原料切制成型后的保鲜知识**　将加工好的菜花和菜花梗丁分别放入保鲜盒内,外标加工原料名称、加工日期、重量和加工厨师姓名,入保鲜柜保鲜(温度控制在1～4 ℃)。

【评价检测】

一、初加工评价标准

原料名称	评价标准	配分
菜花(1500 g)	菜花初加工完成,应清洗后表面光洁,无锈斑,无腐烂	40
	3 min 内加工完成	30
	操作过程符合水台卫生标准	30

二、细加工评价标准

原料名称	评价标准	配分
菜花(1500 g)	菜花朵长 3.5 cm、宽不超过 3.5 cm	30
	菜花梗丁为 1 cm 见方	30
	10 min 内加工完成	20
	操作过程符合砧板卫生标准	20

任务拓展

知识链接

Note

任务六

食用菌类原料的加工与处理

扫码看课件

【任务描述】

在中餐厨房水台、砧板工作环境中,通过运用初加工与细加工的技法完成食用菌类原料香菇的刀工成型处理。

【学习目标】

(1)学会对食用菌类原料香菇进行品质鉴别。

(2)能够运用拣、摘、清洗对香菇进行初加工。

(3)能用直刀法推切对香菇进行细加工。

(4)掌握对食用菌类原料进行合理保管的方法。

(5)培养学生食品安全和操作规范意识。

【知识技能准备】

一、香菇的原料知识及特点

香菇(图 1-6-1),又名花菇、香蕈、香信、香菌、冬菇、香菰,为侧耳科植物香蕈的子实体。香菇是世界第二大食用菌,也是我国特产之一,在民间素有"山珍"之称。它是一种生长在木材上的真菌。味道鲜美,香气沁人,营养丰富。在素三鲜中,香菇往往作为其中的一鲜出现。在斋食中,香菇亦为重要原料之一。鲜香菇分布地区有河北遵化、平泉,山东高密、广饶,河南灵

图 1-6-1

宝、西峡、卢氏、泌阳,浙江,福建,台湾,广东,广西,安徽,湖南,湖北,江西,四川,贵州,云南,陕西,甘肃等。

二、食用菌类原料的初加工与细加工技法

❶ **初加工技法** 洗、拣、摘。

❷ **细加工技法** 直刀法推切。请参考本单元任务四中直刀法推切的加工概念。

行 业 术 语

骰子丁——呈四方形,有 1 cm 见方,也有 1.5 cm 见方的。

Note

图 1-6-2

表面光滑，干净卫生（图 1-6-2）。

二、细加工成品质量标准

细加工成品质量标准如图 1-6-3 所示。

三、香菇加工的注意事项

洗涤：鲜香菇整理后浸泡、清洗、沥水即可，为避免发生氧化现象，洗涤后及时浸泡于水中，注意浸泡时间不宜过长，以免原料中水溶性营养成分损失过多。

【成品标准】

一、初加工成品质量标准

鲜香菇初加工完成后，应去掉老根，清洗后

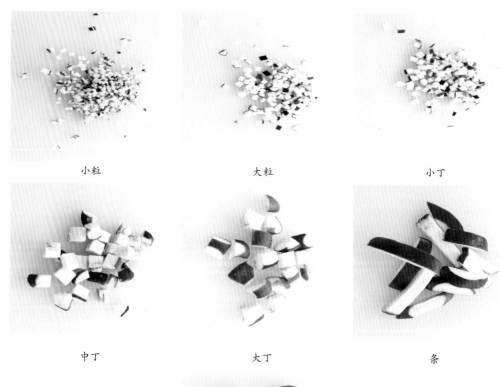

小粒　　　　　　　　　大粒　　　　　　　　　小丁

中丁　　　　　　　　　大丁　　　　　　　　　条

十字花刀

图 1-6-3

【加工过程】

一、制作准备

❶ **工具准备**　菜墩、片刀、料筐、方盘、不锈钢盆、小刀、码斗、保鲜膜。

❷ **原料准备**　鲜香菇 1000 g。

二、香菇的初加工过程

香菇的初加工过程如图 1-6-4 所示。

步骤一：削去香菇蒂。　　　步骤二：加入盐和干淀粉搓洗。　　步骤三：用清水反复漂洗并且浸泡、沥水。

图 1-6-4

三、香菇的细加工过程

❶ **香菇切条**　如图 1-6-5 所示。

步骤一：香菇从中间片开。　　步骤二：左手扶稳原料，右手持刀与墩面及原料垂直，对准原料被切位置，刀从上至下利用推切方法切条。　　步骤三：如此反复推切将香菇切完。

图 1-6-5

技术要点：左手运用刀法朝左后方移动，每次移动要求刀距相等。刀在运行切割香菇时，通过右手腕的起伏摆动，使刀产生一个小弧度，从而加大刀在香菇上的运行距离，用刀要充分有利，条的粗细要一致，一刀将香菇推切断开。

❷ **香菇切丁**　如图 1-6-6 所示。

技术要点：丁的形状一般近似正方体，其成型方法是先将原料片或切成厚片（韧性原料可拍松后排斩），再由厚片改刀成条，再由条加工成丁。成型大小一致、形状完整。

❸ **香菇切小粒**　如图 1-6-7 所示。

Note

步骤一：左手扶稳原料，右手持刀与墩面及原料平行，对准原料被切位置。　步骤二：香菇从中间片开。刀从右至左将香菇片开。

视频：香菇切丁

步骤三：香菇改刀成1.5 cm宽的条。　步骤四：香菇条切成1.5 cm见方的丁。🖥

图 1-6-6

视频：香菇切丝

步骤一：左手扶稳原料，右手持刀与墩面及原料平行，对准原料被切位置，香菇从中间片开。　步骤二：将刀从上至下利用推切方法先切条。🖥　步骤三：如此反复推切小粒，至香菇切完。

图 1-6-7

④ **香菇切十字花刀**　如图 1-6-8 所示。

视频：香菇切十字花刀

步骤一：香菇平放于墩面，刀斜45°切入。　步骤二：香菇反过来再斜45°切入，将香菇肉取下。　步骤三：交叉切出十字花刀。🖥

Note

图 1-6-8

❺ **原料切制成型后的保鲜知识**　将加工好的香菇条、丁、粒分别放入保鲜盒内,外标加工原料名称、加工日期、重量和加工厨师姓名,入保鲜柜保鲜（温度控制在 1～4 ℃）。

【评价检测】

一、初加工评价标准

原料名称	评价标准	配分
香菇(1000 g)	香菇初加工完成,应清洗后表面光洁、无破损	40
	5 min 内加工完成	40
	操作过程符合水台卫生标准	20

二、细加工评价标准

原料名称	评价标准	配分
香菇(1000 g)	香菇条长 4 cm、粗 1 cm×1 cm	15
	大丁 2 cm 见方	15
	中丁 1.5 cm 见方	15
	小丁 1 cm 见方	15
	大粒 0.6 cm 见方	15
	小粒 0.4 cm 见方	10
	25 min 内加工完成	10
	操作过程符合砧板卫生标准	5

任务拓展

知识链接

能力检测

Note

第二单元

畜类原料的加工与处理

一、单元学习内容

本单元的工作任务是在中餐厨房水台、砧板工作环境中以畜类原料为载体，通过水台、砧板工作过程让学生掌握初加工剔、斩、剁、洗等技法，细加工平刀法上片、平刀法下片及直刀法单刀背捶、双刀背捶、刀尖排、单刀剁、双刀剁、推拉切等技法。

二、单元任务简介

本单元由 5 个学习任务组成。

任务一是猪肉的加工与处理，选用猪肉为原料。通过剔、斩、剁、洗对原料进行初加工，利用平刀法上片和平刀法下片等技法对猪肉进行细加工。为了使学生更熟悉猪肉及内脏原料的加工与处理，本任务选择了猪肘、猪蹄、五花肉进行拓展练习。

任务二是牛肉的加工与处理，选用牛肉为原料。通过剔、斩、剁、洗对原料进行初加工，利用直刀法推拉切和直刀法单刀背捶、双刀背捶、刀尖排等技法对牛肉进行细加工。 为了使学生更熟悉牛肉及内脏原料的加工与处理，本任务选择了牛腩进行拓展练习。

任务三是羊肉的加工与处理，选用羊肉为原料。 通过剔、斩、剁、洗对原料进行初加工，利用直刀法单刀剁、双刀剁和推拉切等技法对羊肉进行细加工。 为了使学生更熟悉羊肉及内脏原料的加工与处理，本任务选择了羊蹄、羊腿进行拓展练习。

任务四是畜类内脏的加工与处理，选用猪腰、猪肚、牛肚、羊肝为原料。 通过剔、斩、剁、洗对原料进行初加工，利用麦穗花刀、斜刀拉片、直刀法推切、直刀法推拉切等技法对畜类内脏进行细加工。 为了使学生更熟悉畜类内脏原料的加工与处理，本任务选择了猪大肠、猪心、牛口条、羊肠、羊肺进行拓展练习。

任务五是畜肉类原料的腌制上浆与菜肴组配，选用蚝油牛肉为组配菜肴，利用原料的初加工与细加工方法和畜肉类原料上浆方法组配出广东名菜蚝油牛肉。 为了使学生更熟悉畜肉类原料的腌制上浆与菜肴组配，本任务选用了京酱肉丝、孜然羊肉的菜肴组配和腌制上浆进行拓展练习。

三、单元学习要求

本单元的学习任务要求在与企业厨房生产环境一致的实训环境中完成。 学生通过实际训练能够初步适应原料加工厨房工作环境；能够按照原料加工厨师岗位工作流程基本完成开档和收档工作；能够按照砧板岗位工作流程运用砧板原料细加工技法完成畜肉类原料和畜类内脏的加工与处理，并完成畜肉类原料菜肴组配的加工与处理，为热菜厨房提供合格的菜肴组配原料，并在工作中培养合作意识、安全意识和卫生意识。

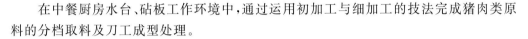

任务一

猪肉的加工与处理

扫码看课件

【任务描述】

在中餐厨房水台、砧板工作环境中,通过运用初加工与细加工的技法完成猪肉类原料的分档取料及刀工成型处理。

【学习目标】

(1) 学会对猪通脊进行品质鉴别。

(2) 能够运用剔、斩、剁等技法对猪通脊进行初加工。

(3) 能用平刀法下片、直刀法推拉切对猪通脊进行细加工。

(4) 掌握对猪肉类原料的合理保鲜。

(5) 水台与砧板岗位能够较熟练沟通,工作环节衔接紧密。

【知识技能准备】

一、猪肉的原料知识及特点

猪肉(图 2-1-1),又名豚肉,是猪科动物家猪的肉。其性味甘咸平,含有丰富的蛋白质及脂肪、碳水化合物、钙、铁、磷等营养成分。猪肉是日常生活的主要副食,具有补虚强身、滋阴润燥、丰肌泽肤的作用。凡病后体弱、产后血虚、面黄肌瘦者,皆可用之作为营养滋补之品。猪肉作为餐桌上重要的动物性食品之一,其纤维较为细软,结缔组织较少,肌肉组织中含有较多的肌间脂肪,因此,经过烹调加工后肉味特别鲜美。

图 2-1-1

二、猪肉的初加工与细加工技法

❶ 初加工技法:火燎、洗、剔　剔是指针对带筋骨的肉类原料,利用专业剔骨刀将筋骨剔除,以达到去骨、去筋膜的作用。

❷ 细加工技法

(1) 平刀法下片:平刀法下片是刀与墩面平行状态的一种刀法。它能把原料片成薄片,是一种比较细致的刀工处理方法。适合加工无骨的韧性、软性原料或煮熟回软的脆性原料。这种刀法在操作时要刀与墩面平行,对准原料的下端保持水平直线片进原料,使原料一层层地片开。这种刀法主要用于把猪肉加工成片的形状,然后在片的基础上

Note

施用其他刀法,加工出丁、丝、条、粒或其他形状。其适用原料有鸡肉、鸭肉、牛肉、豆腐、榨菜等。

（2）直刀法推拉切：直刀法推拉切是一种推刀切与拉刀切连贯起来的刀法。操作时,刀先向前推切,接着向后拉切。采用前推后拉结合的方法迅速将原料断开。这种刀法效率较高,主要用于把原料加工成丝、片的形状。操作方法：左手扶稳原料,右手持刀,先用推切的方法切割原料,然后用拉切的方法将原料切开。如此将推刀切和拉刀切连起来,反复推拉切,直至切完原料为止。其适用原料为韧性原料,如里脊肉、通脊肉、鸡胸肉等。

三、挑选猪肉的注意事项

❶ **表面没光泽的不买** 猪肉表面的光泽度是鉴别其是否新鲜的一个重要指标,新鲜猪肉为淡红色或淡粉色,表皮脂肪部分呈有光泽的白色。不新鲜的猪肉呈灰色或暗红色,切面也呈暗灰色或深褐色,表皮脂肪部分有污秽,呈淡绿色。病死猪肉色泽暗红或带有血迹,表皮脂肪部分呈桃红色,切面上的血管可挤出暗红色的淤血。

❷ **摸起来黏手的不买** 猪肉在变质过程中会滋生大量微生物,微生物所产生的代谢物会造成表皮发黏,所以摸起来黏手是猪肉变质的标志。新鲜的猪肉外表应是微干或湿润的,其切面会有点潮湿,摸起来有油质感,但不黏手。

❸ **按压无弹性的不买** 新鲜的猪肉因质地紧密而富有弹性,用手指按压凹陷会立刻复原。如果猪肉储藏时间过长,其中的蛋白质和脂肪会逐渐分解,从而使肌肉纤维被破坏,这将导致猪肉表面失去弹性。如果猪肉被注水,弹性也会变差。

❹ **肥肉层太薄的不买** 猪肉肥膘的厚薄与猪的品种和部位有关,一般来讲,普通品种的猪肉肥膘较厚,而杂交品种的猪肉肥膘较薄。需要注意的是,含瘦肉精的猪肉除了异常鲜艳外,其皮下肥膘也较薄,通常不足 1 cm,肌肉纤维比较疏松,对于这种肉,要谨慎购买。

图 2-1-2

❺ **毛根发红的不买** 购买猪肉时,可以拔下猪毛观察其毛根的颜色,如果发红,说明是病猪,健康猪的毛根应是白净的。

【成品标准】

一、初加工成品质量标准

猪通脊初加工完成后,应去掉筋膜,清洗后表面光滑,干净卫生（图 2-1-2）。

二、细加工成品质量标准

细加工成品质量标准如图 2-1-3 所示。

【加工过程】

一、制作准备

❶ **工具准备** 菜墩、片刀、码斗、方盘、不锈钢盆、保鲜膜。

❷ **原料准备** 猪通脊 1000 g。

Note

猪肉丝(长7 cm、粗0.3 cm×0.3 cm)

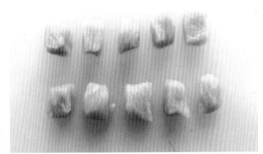
丁(1.2 cm见方)

图 2-1-3

二、猪通脊的初加工过程

猪通脊的初加工过程如图 2-1-4 所示。

步骤一：猪通脊清洗干净。

步骤二：去掉猪通脊筋膜。

图 2-1-4

三、猪通脊的细加工过程

❶ **猪通脊切丁**　如图 2-1-5 所示。

步骤一：猪通脊切成1.2 cm厚的片。

步骤二：猪肉片再切成1.2 cm宽的条。

步骤三：猪肉条再切成1.2 cm见方的丁。

图 2-1-5

技术要点：切猪肉条时运刀要连贯紧凑，一刀将原料切开。

❷ **猪通脊切丝**　如图 2-1-6 所示。

技术要点：在推片过程中一定要将原料按稳，防止滑动，刀锋片进原料之后，左手施加一定的向下压力，将原料按实，便于行刀，也便于提高片的质量。刀在运行时用力要适度，尽可能将原料一片片开，如果一刀未断开，可连续推片直至原料完全片开为止。

Note

步骤一：左手扶按猪通脊，右手持刀，并将刀端平，放于猪通脊的下端，用刀刃的前部对准猪通脊被片的位置。

步骤二：根据目测厚度将刀锋片进猪通脊内部，用力推片，使猪通脊移至刀刃的中后部位片开猪通脊。🖥

步骤三：将刀向右后方抽出，片好的片留在墩上，其余猪通脊仍托在刀膛上。用刀刃前将片下的猪通脊一端挑起，左手随之将猪通脊拿起放于墩面。

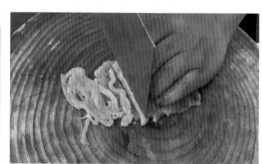

步骤四：利用直刀法推拉切将猪肉片推拉切出丝。🖥

图 2-1-6

③ **原料切制成型后的保鲜知识**　将加工好的肉丝和肉丁分别放入保鲜盒内,外标加工原料名称、加工日期、重量和加工厨师姓名,入保鲜柜保鲜(温度控制在 1～4 ℃)。

【评价检测】

一、初加工评价标准

原料名称	评价标准	配分
猪通脊(1000 g)	猪肉初加工完成,应清洗后表面光滑,干净卫生	30
	分档清晰,筋不带肉	30
	10 min 内加工完成	20
	操作过程符合水台卫生标准	20

二、细加工评价标准

原料名称	评价标准	配分
猪通脊(1000 g)	猪肉丝长 7 cm、粗 0.3 cm×0.3 cm	30
	丁为 1.2 cm 见方	30
	20 min 内加工完成	20
	操作过程符合砧板卫生标准	20

Note

牛肉的加工与处理

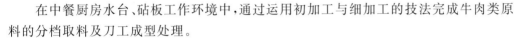

【任务描述】

在中餐厨房水台、砧板工作环境中,通过运用初加工与细加工的技法完成牛肉类原料的分档取料及刀工成型处理。

【学习目标】

(1)学会对牛肉进行品质鉴别。

(2)能够运用剔、斩、剁等技法对牛肉进行初加工。

(3)能用平刀法下片、直刀法推拉切、直刀法单刀背捶、直刀法双刀背捶、直刀法刀尖排对牛通脊进行细加工。

(4)能够对牛肉进行合理保鲜。

(5)水台与砧板岗位能够较熟练沟通,工作环节衔接紧密。

【知识技能准备】

一、牛肉的原料知识及特点

牛肉(图 2-2-1)是指从牛身上获得的各个部位的肉,为常见的肉品之一。其来源可以是奶牛、公牛、小母牛。牛的肌肉部分可以切成牛排、牛肉块或牛仔骨,也可以与其他的肉混合做成香肠或血肠。牛其他部位可食用的还有牛尾、牛肝、牛舌、牛百叶、牛胰腺、牛胸腺、牛心、牛脑、牛肾、牛鞭。牛肠也可以吃,不过常用来

图 2-2-1

做香肠衣。牛骨可用作饲料。阉牛和小母牛肉质相似,但阉牛的脂肪更少。年纪大的母牛和公牛肉质粗硬,常用来做牛肉末。肉牛一般需要经过育肥,饲以谷物、膳食纤维、蛋白质、维生素和矿物质。

牛肉是世界上排第三的消耗肉品,占肉制品市场的比重很大。主要的牛肉出口国包括印度、巴西、澳大利亚和美国。牛肉制品对于巴拉圭、阿根廷、爱尔兰、墨西哥、新西兰、尼加拉瓜、乌拉圭的经济有重要影响。

二、牛肉的初加工与细加工技法

❶ 初加工技法　剔、斩、剁。

❷ 细加工技法

(1)平刀法下片、直刀法推拉切:方法参照猪肉加工内容。

Note

（2）直刀法单刀背捶：单刀背捶操作时要求左手扶墩，右手持刀，刀刃朝上，刀背与墩面垂直，刀垂直上下捶击原料。这种刀法主要用于加工肉糜和捶击原料表面，使肉质疏松，或者将厚肉片捶击成薄肉片。适用原料有鸡胸肉、里脊肉、净虾肉、肥膘肉、净鱼肉等。

（3）直刀法双刀背捶：这种刀法操作时要求左右两手各持刀一把，刀背朝下，与墩面垂直，两刀上下交替垂直运动。这种刀法主要用于加工肉糜等。用此法加工原料，不仅工作效率比较高，而且加工的肉糜比较细、质量好。适用原料有鸡胸肉、净虾肉、净鱼肉、肥膘肉、里脊肉等。

（4）直刀法刀尖排：这种刀法操作时要求刀垂直上下运动，用刀尖在片形的原料上扎排上几排分布均匀的刀缝或孔洞，用于斩断原料内的筋络、软骨或硬性的骨骼，防止原料因受热而卷曲变形或不方便造型，同时也便于调料的渗透，还因扩大受热面积而使原料易于成熟。适用原料有鸡胸肉、净虾肉、净鱼肉、肥膘肉、里脊肉等。

三、挑选牛肉的注意事项

（1）看：看牛肉皮有无红点，无红点者是好牛肉，有红点者是坏牛肉。看肌肉，新鲜牛肉有光泽，红色均匀；较次的牛肉，肉色稍暗。看脂肪，新鲜牛肉的脂肪洁白或呈淡黄色，次品牛肉的脂肪缺乏光泽，变质牛肉的脂肪呈绿色。

（2）闻：新鲜牛肉具有正常的气味，较次的牛肉有一股氨味或酸味。

（3）摸：一要摸弹性，新鲜牛肉有弹性，指压后凹陷立即恢复，次品牛肉弹性差，指压后的凹陷恢复很慢甚至不能恢复，变质牛肉无弹性。二要摸黏度，新鲜牛肉表面微干或微湿润，不黏手；次品牛肉外表干燥或黏手，新切面湿润黏手；变质牛肉严重黏手，外表极干燥。有些注水严重的牛肉也完全不黏手，但可见到外表呈水湿样，不结实。

【成品标准】

一、初加工成品质量标准

牛肉初加工完成后，应去掉筋膜，清洗后表面光滑，干净卫生（图 2-2-2）。

二、细加工成品质量标准

成品质量标准：丝的成品规格应为长 7 cm、粗 0.3 cm×0.3 cm；片的成品规格应为长 5 cm、宽 3 cm、厚 0.3 cm（图 2-2-3）。

图 2-2-2

牛肉丝　　　　　　　　　牛肉片　　　　　　　　　牛肉糜

图 2-2-3

【加工过程】

一、制作准备

❶ 工具准备　菜墩、片刀、码斗、方盘、不锈钢盆、保鲜膜。

❷ 原料准备　牛肉 1000 g。

二、牛肉的初加工过程

牛肉的初加工过程如图 2-2-4 所示。

步骤一：剔除牛里脊表面筋膜。　　　　步骤二：板筋剔除即可。

图 2-2-4

三、牛肉的细加工过程

❶ 切牛肉细丝　如图 2-2-5 所示。

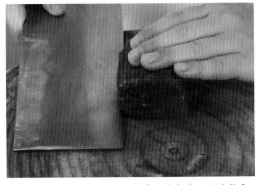

步骤一：利用平刀法下片将牛肉片成片，　步骤二：利用直刀法推拉切将牛肉片切丝。如此反复
码放整齐。　　　　　　　　　　　　推拉切，直至切完牛肉片为止。

图 2-2-5

技术要点：使用平刀法下片和直刀法推拉切两种刀法完成。片要标准、薄厚一致，丝要标准、粗细一致。

❷ 单刀背捶牛肉糜　如图 2-2-6 所示。

技术要点：操作时，刀背要与墩面保持垂直；应加大刀背与墩面之间的接触面积，不能只使用刀背的前端，并且要使牛肉受力均匀，提高效率；持刀时用力要均匀，抬刀不要过高，避免将牛肉甩出；要勤翻动牛肉，从而使加工后的肉糜均匀细腻。

❸ 双刀背捶牛肉糜　如图 2-2-7 所示。

技术要点：操作过程中一定要使两刀刀背与墩面保持垂直，加大刀背与墩面、刀背

Note

与牛肉的接触面积，使牛肉受力均匀，从而提高工效。刀在运行时抬刀不要过高，避免将牛肉甩出，造成浪费，还要勤翻动牛肉，使加工后的肉糜均匀细腻。

视频：牛肉馅
单刀剁

步骤一：左手扶墩，右手持刀，刀刃朝上，刀背朝下，将刀抬起，垂直向下捶击牛肉，如此反复进行。

步骤二：当牛肉被捶击到一定程度时，用左手将牛肉拢起，右手使刀身倾斜，用刀将牛肉铲起归堆，再反复捶击牛肉，直至符合加工要求为止。

图 2-2-6

视频：牛肉馅
双刀剁

步骤一：左右两手各持刀一把，刀背朝下，两刀呈"八"字形，两刀上下交替运行，用刀背捶击牛肉。

步骤二：当牛肉加工到一定程度时，刀刃向下，两刀向相反方向倾斜，用刀将牛肉铲起归堆，也可以直接用刀背从两边向中间推挤将牛肉归堆。然后继续用刀背捶击牛肉，如此反复进行，直至达到加工要求为止。

图 2-2-7

④ 牛肉脯（西餐称"牛排"）　如图 2-2-8 所示。

步骤一：牛肉切0.5 cm厚的片。

步骤二：用刀背将牛肉拍松。

图 2-2-8

技术要点：刀在运行中要保持垂直起落，捶击时用力均匀，不要过大。肉脯不可捶得过薄，以致烹饪后失去口感。

Note

视频:牛肉脯
加工

步骤三:用肉锤捶击牛肉片。　　　　步骤四:牛肉片捶成0.3 cm厚的片。

续图 2-2-8

❺ **原料切制成型后的保鲜知识**　将加工好的牛肉丝、牛肉糜、牛肉脯分别放入保鲜盒内,外标加工原料名称、加工日期、重量和加工厨师姓名,入保鲜柜保鲜(温度控制在 1~4 ℃)。

【评价检测】

一、初加工评价标准

原料名称	评价标准	配分
牛通脊(1000 g)	牛通脊初加工完成,整条形态完整、无筋膜、洁净	40
	10 min 内加工完成	30
	操作过程符合水台卫生标准	30

二、细加工评价标准

原料名称	评价标准	配分
牛通脊(1000 g)	牛肉脯长 5 cm、宽 3 cm、厚 0.3 cm	25
	牛肉丝长 7 cm、粗 0.3 cm×0.3 cm	25
	牛肉糜均匀细腻	25
	10 min 内加工完成	15
	操作过程符合砧板卫生标准	10

任务拓展

知识链接

Note

任务三

羊肉的加工与处理

扫码看课件

【任务描述】

在中餐厨房水台、砧板工作环境中,通过运用初加工与细加工的技法完成羊肉类原料的分档取料及刀工成型处理。

【学习目标】

(1) 学会对羊肉进行品质鉴别。

(2) 能够运用剔、斩、剁等技法对羊肉进行初加工。

(3) 能用直刀法推拉切、单刀剁、双刀剁对羊肉进行细加工。

(4) 能够对羊肉进行合理保鲜。

(5) 水台与砧板岗位能够较熟练沟通,工作环节衔接紧密。

【知识技能准备】

一、羊肉的原料知识及特点

羊肉(图 2-3-1)性温,有山羊肉、绵羊肉、野羊肉之分。古时称羊肉为羖肉、羝肉、羯肉。

它既能御风寒,又可补身体,对一般风寒咳嗽、慢性支气管炎、虚寒哮喘、肾亏阳痿、腹部冷痛、体虚怕冷、腰膝酸软、面黄肌瘦、气血两亏、病后或产后身体虚亏等症状均有治疗和补益效果,最适宜于冬季食用,故被称为冬令补品,深受人们欢迎。我国著名的地方羊肉有广河羊肉、山西右玉羊肉、内蒙古鄂尔多斯羊肉、山东单县羊肉、四川简阳羊肉等。

图 2-3-1

二、羊肉的初加工与细加工技法

❶ 初加工技法　剔、斩、剁。

❷ 细加工技法

(1) 直刀法单刀剁:这种刀法操作时要求刀与墩面垂直,刀上下运动,抬刀较高,用力较大。这种刀法主要用于将原料加工成末的形状。适用原料:鸡肉、猪肉、牛肉、虾肉等。

(2) 直刀法双刀剁:双刀剁操作时要求两手各持刀一把,两刀略呈"八"字形,与墩面垂直,上下交替运动。这种刀法用于加工成型原料,相较单刀剁工效较高。适用原料:

鸡肉、猪肉、牛肉、鱼肉等。

（3）直刀法推拉切：详见本单元任务一中知识技能准备猪肉的细加工技法"直刀法推拉切"。

三、挑选羊肉的注意事项

❶ 羊肉的品质辨别方法

（1）要闻肉的味道：正常羊肉有一股很浓的羊膻味，有添加剂的羊肉羊膻味很淡而且带有清臭。

（2）要看肉质颜色：无添加剂的羊肉呈鲜红色，有问题的羊肉呈深红色。

（3）要看肉壁厚薄：好的羊肉肉壁厚度一般为 4～5 cm，有添加剂的羊肉肉壁厚度一般只有 2 cm 左右。

（4）要看肉的肥膘：有瘦肉精的肉一般不带肥肉或者带很少肥肉，肥肉呈暗黄色。

❷ 绵羊肉与山羊肉的鉴别方法 买肉时，绵羊肉和山羊肉有以下几个鉴别方法。

（1）看肌肉：绵羊肉黏手，山羊肉发散、不黏手。

（2）看肉上的毛形：绵羊肉毛卷曲，山羊肉毛硬直。

（3）看肌肉纤维：绵羊肉纤维细短，山羊肉纤维粗长。

（4）看肋骨：绵羊的肋骨窄而短，山羊的则宽而长。

【成品标准】

一、初加工成品质量标准

羊肉初加工完成后，应去掉筋膜，清洗后表面光滑，干净卫生（图 2-3-2）。

图 2-3-2

二、细加工成品质量标准

细加工成品质量标准如图 2-3-3 所示。

羊肉糜(肉糜细腻)

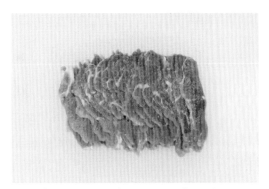
羊肉片(长5 cm、宽5 cm左右、厚1 cm左右)

图 2-3-3

【加工过程】

一、制作准备

❶ 工具准备 菜墩、片刀、码斗、方盘、不锈钢盆、保鲜膜。

❷ 原料准备   羊肉 1500 g。

二、羊肉的初加工过程

羊肉的初加工过程如图 2-3-4 所示。

步骤一：剔除羊里脊板筋。   步骤二：剔除羊里脊表面筋膜。

图 2-3-4

三、羊肉的细加工过程

❶ 切羊肉片   如图 2-3-5 所示。

步骤一：左手扶稳羊肉，右手持刀，用食指关节顶住刀身。

步骤二：用直刀法推拉切的方法，将羊肉切开。🖥

步骤三：刀平行于墩面，将切好的羊肉片留在墩面，用此方法将剩余羊肉切完。

视频：羊肉切片

图 2-3-5

技术要点：首先要求掌握推刀切和拉刀切各自的刀法，再将两种刀法连贯起来。操作时，用力要充分，动作要连贯。

❷ 剁羊肉糜（单刀）   如图 2-3-6 所示。

技术要点：单刀剁操作时，用手腕带动小臂上下摆动，挥刀将原料剁碎，同时要勤翻原料，使其均匀细腻。用刀要稳、准，富有节奏，同时注意抬刀不可过高，以免将原料甩出，造成浪费。用力适度。

❸ 剁羊肉糜（双刀）   如图 2-3-7 所示。

技术要点：操作时，用手腕带动小臂上下摆动，挥刀将羊肉剁碎，同时要勤翻羊肉，使其均匀细腻，抬刀不可过高，避免将羊肉甩出，造成浪费。另外，为了提高排剁的速度和质量，可以用两把刀先从羊肉堆的一边连续向另一边排剁，然后身体相对羊肉转一个角度，再行排剁，使刀纹在羊肉上形成网格状。为了使排剁的过程不单调、不乏味，还可以使两手按照一定的节奏（如马蹄节奏、鼓点节奏等）来操作，这样可以排剁得又快又好

Note

步骤一：羊肉切成厚片，再改刀切成条。

步骤二：羊肉条再切成小丁。

步骤三：肉丁放置墩面中间，左手扶墩边，右手持刀，把刀抬起。用刀刃的中前部位对准羊肉，用力剁碎。当羊肉剁到一定程度时，用左手将羊肉拢起，右手使刀身倾斜，用刀将羊肉铲起归堆，再反复剁碎羊肉直至羊肉达到加工要求为止。

图 2-3-6

视频：羊肉馅
单刀剁

步骤一：两手各持一把刀，两刀保持一定距离，呈"八"字形。

步骤二：两刀垂直上下交替排剁，再用刀将羊肉铲起归堆，然后继续行刀排剁直到剁好为止。

图 2-3-7

视频：羊肉馅
双刀剁

而且不乏味。

❹ **原料切制成型后的保鲜知识**　将加工好的羊肉片和羊肉糜分别放入保鲜盒内，外标加工原料名称、加工日期、重量和加工厨师姓名，入保鲜柜保鲜（温度控制在1～4 ℃）。

Note

【评价检测】

一、初加工评价标准

原料名称	评价标准	配分
羊肉(1500 g)	羊肉初加工完成,应洁净,形态规整、无损伤	30
	分档合理	30
	10 min 内加工完成	20
	操作过程符合水台卫生标准	20

二、细加工评价标准

原料名称	评价标准	配分
羊肉(1500 g)	羊肉片长 5 cm、宽 5 cm 左右、厚 1 cm 左右	30
	肉糜细腻	30
	10 min 内加工完成	20
	操作过程符合砧板卫生标准	20

任务拓展

知识链接

Note

任务四

畜类内脏的加工与处理

扫码看课件

【任务描述】

在中餐厨房水台、砧板工作环境中,通过运用初加工与细加工的技法完成畜类内脏原料的分档取料及刀工成型处理。

【学习目标】

(1)学会对畜类内脏进行品质鉴别。

(2)能够运用洗、摘、剔、搓等技法对猪腰进行初加工。

(3)能够运用麦穗花刀、斜刀拉片、直刀法推切、直刀法推拉切对猪腰进行加工。

(4)能够对畜类内脏进行合理保鲜。

(5)水台与砧板岗位能够较熟练沟通,工作环节衔接紧密。

【知识技能准备】

一、猪腰的原料知识及特点

猪腰(图 2-4-1)味甘、咸,性平,略能补肾气、利水,作用缓和,"方药所用,借其引导而已",可作为食疗辅助之品。《本草权度》将猪腰以椒、盐腌去腥水,入杜仲末 10 g,用荷叶包煨食之,可治肾虚腰痛;《濒湖集简方》用猪腰掺入骨碎补末,煨熟食,可治肾虚久泻。猪腰,含有蛋白质、脂肪、钙、磷、铁和维生素等,有健肾补腰、和肾理气之功效。

图 2-4-1

二、猪肚的原料知识及特点

猪肚(图 2-4-2)为猪科动物猪的胃,猪肚壁由三层平滑肌组成,肌层较厚实,韧性大、脂肪少。新鲜的猪肚有光泽,色浅黄、黏液多、质地坚实为佳。不新鲜的猪肚色白带青,无光泽和弹性,肉质松软,有异味,不宜食用。猪肚在烹调中多作为主料。常用的烹调方法有爆、炒、酱、汤爆、拌等。

三、牛肚的原料知识及特点

牛肚(图 2-4-3)即牛胃。牛为反刍动物,共有四个胃,前三个胃为食管变异,即瘤胃(草肚)、网胃(蜂巢胃、麻肚)、瓣胃(重瓣胃、百叶),最后一个才是真胃(皱胃)。

瘤胃内壁肉柱俗称"肚领""肚梁""肚仁",贲门括约肌因肉厚而韧,俗称"肚尖""肚头"(用碱水浸泡使之脆嫩,可单独成菜)。可把瘤胃的牛浆膜撕掉,保留黏膜,生切片涮

Note

图 2-4-2

图 2-4-3

图 2-4-4

吃,菜品如毛肚火锅、夫妻肺片。网胃应用与瘤胃相同。瓣胃与皱胃大多切丝用。牛肚中运用最广的为肚领和百叶。

四、羊肝的原料知识及特点

羊肝(图 2-4-4)含铁丰富,铁质是产生红细胞必需的元素,一旦缺乏,人体便会感觉疲倦、面色青白,适量进食可使皮肤红润。羊肝中富含维生素 B_2,维生素 B_2 是人体生化代谢中许多酶和辅酶的组成部分,能促进身体的代谢。羊肝中还含有丰富的维生素 A,可防止夜盲症和视力减退,有助于对多种眼部疾病的治疗。

五、畜类内脏的初加工与细加工技法

❶ **初加工技法**　洗、摘、剔、搓。

❷ **细加工技法**　麦穗花刀:麦穗花刀是先用斜刀法在原料表面剞上一条条平行的刀纹,再转动,用直刀法剞上一条条与原刀纹相交成约 90°角的平行刀纹,深度为原料的 4/5,最后改刀成较窄的长方块,加热后即成麦穗形,如腰花、比目鱼卷等。

六、畜类内脏的鉴别与挑选注意事项

❶ **猪腰的鉴别方法**　挑选猪腰时,首先,要看其颜色,新鲜的猪腰柔润,有光泽和弹性,呈浅红色;不新鲜的猪腰颜色发青,被水泡过后变为白色,质地松软,膨胀无弹性,并散发出一股异味。其次,看表面有无出血点,有则不正常。再次,看形体是否比一般猪腰大和厚,如果是又大又厚,应仔细检查是否有肾红肿。

❷ **猪肚的鉴别方法**　新鲜的猪肚是富有光泽和弹性的,颜色为白色,略带浅黄色。如出现坏死组织,则这部分会呈现发黑发紫的颜色。不新鲜的猪肚颜色为白中带青,没有弹性和光泽,肉质松软,内部有硬疙瘩,不宜购买。

❸ **牛肚的鉴别方法**　新鲜的牛肚富有弹性,可以用手拉扯,若无弹性或者弹性非常小,那就说明不新鲜,而且这种牛肚在处理过程中会使用化学药剂,所以闻起来有非常刺鼻的味道。

❹ **羊肝的鉴别方法**　新鲜的羊肝呈褐色或紫色,手摸上去紧实无黏液,无异味。羊肝切开后淤血外溢、有脓水时不要购买。

七、清洗内脏的注意事项

由于食用碱、苏打、白醋对人体皮肤有腐蚀刺激作用,因此在清洗时尽量戴手套,避

Note

免灼伤。

行业术语

剞，针对不可切透的原料，一般是深入原料的 2/3 或 3/4，如剞腰花、剞鱿鱼卷等，但在操作中，采用的刀法可不相同。

【成品标准】

一、初加工成品质量标准

初加工成品质量标准如图 2-4-5 所示。

猪腰初加工完成（去掉筋膜、腰臊，清洗后表面光滑，干净卫生）　猪肚初加工完成（表面光亮，内部油脂去除干净，表面无破损）　羊肝初加工完成（清洗后表面光滑，干净卫生）

图 2-4-5

二、细加工成品质量标准

细加工成品质量标准如图 2-4-6 所示。

  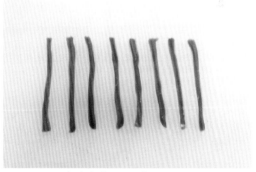

麦穗花刀(刀距一致，深浅一致，刀距0.2 cm，宽1.5 cm)　猪腰丝(长7 cm、宽0.2 cm)

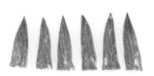  

羊肝片(长4 cm)　　羊肝丁(1.2 cm见方的丁)　　羊肝条(长4 cm、宽0.5 cm)

图 2-4-6

Note

【加工过程】

一、制作准备

❶ **工具准备**　菜墩、片刀、码斗、方盘、不锈钢盆、保鲜膜。

❷ **原料准备**　猪腰 500 g、羊肝 500 g、猪肚 450 g，食用碱、精盐、白醋、淀粉。

二、猪腰的加工过程

❶ **猪腰的初加工过程**　如图 2-4-7 所示。

步骤一：剔除猪腰表面筋膜。　　　　　　　步骤二：从中间片开，剔除腰臊。

图 2-4-7

❷ **麦穗花刀的加工过程**　如图 2-4-8 所示。

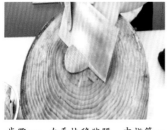

步骤一：左手扶稳猪腰，中指第一关节微弓，紧贴刀膛。将刀剞进猪腰中一定的深度时，停止运刀，将刀收回，再沿用此法反复运行斜刀推剞，剞完为止。　　步骤二：猪腰调换角度用直刀推剞方法完成麦穗花刀切制。　　步骤三：剞好刀的猪腰改刀切成宽1.5 cm的条。▣

视频：猪腰切
麦穗花刀

图 2-4-8

❸ **猪腰切丝**　如图 2-4-9 所示。

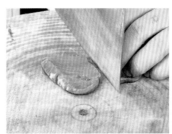

步骤一：猪腰上片成0.3 cm厚的片。　　步骤二：猪腰片从中间切开。　　步骤三：利用直刀法推拉切出丝。

图 2-4-9

Note

三、猪肚的初加工过程

猪肚的初加工过程如图 2-4-10 所示。

步骤一：加入苏打、淀粉、食盐、白醋。

步骤二：用双手反复搓洗。

步骤三：用水洗去黏液，将猪肚内侧翻过来。

步骤四：去除猪肚油脂。

步骤五：加入食盐继续搓洗。

步骤六：清洗干净。

步骤七：加入白醋继续搓洗。

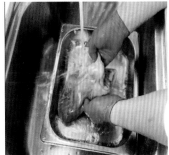

步骤八：猪肚清洗干净。

步骤九：初加工成品。

图 2-4-10

四、羊肝的加工过程

❶ **羊肝的初加工过程**　如图 2-4-11 所示。

技术要点：清洗时不要破坏羊肝表面。

❷ **羊肝的细加工过程**　如图 2-4-12 所示。

五、原料切制成型后的保鲜知识

将加工好的畜类内脏分别放入保鲜盒内，外标加工原料名称、加工日期、重量和加工厨师姓名，入保鲜柜保鲜（温度控制在 1~4 ℃）。

  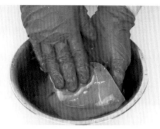

步骤一：羊肝切开。　　步骤二：去除羊肝内部血水及筋膜。　　步骤三：羊肝用清水清洗干净。

图 2-4-11

视频：羊肝切片

 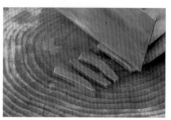 

步骤一：利用直刀法推拉切将羊肝切片。💻　　步骤二：利用直刀法推切将羊肝切条。　　步骤三：利用直刀法推切将羊肝切丁。

图 2-4-12

【评价检测】

一、初加工评价标准

原料名称	评价标准	配分
猪腰(500 g)	畜类内脏初加工完成,应洁净,形态规整、无损伤	30
猪肚(450 g)	初加工技法运用合理	30
牛肚(500 g)	40 min 内加工完成	20
羊肝(500 g)	操作过程符合水台卫生标准	20

二、细加工评价标准

原料名称	评价标准	配分
猪腰(500 g) 猪肚(450 g) 牛肚(500 g) 羊肝(500 g)	猪腰麦穗花刀(深浅一致,刀距 0.2 cm,宽 1.5 cm),猪腰丝(长 7 cm、宽 0.2 cm)	25
	牛肚片(长 3.5 cm、宽 2 cm),牛肚条(长 4 cm、宽 0.5 cm),牛肚丁(1.2 cm 见方)	25
	羊肝片(长 4 cm),羊肝条(长 4 cm、宽 0.5 cm),羊肝丁(1.2 cm 见方)	25
	45 min 内加工完成	15
	操作过程符合砧板卫生标准	10

任务拓展

知识链接

Note

畜肉类原料的腌制
上浆与菜肴组配

扫码看课件

【任务描述】

在中餐厨房水台、砧板工作环境中,依据单品菜肴组配标准,通过运用初加工、细加工的技法完成畜肉类原料的分档取料及刀工成型处理;运用腌制、上浆、配菜方法完成畜肉类原料的腌制上浆及菜肴组配。

【学习目标】

(1) 熟悉畜肉类原料腌制上浆与菜肴组配的操作要求。

(2) 能够完成不同畜肉类原料的腌制上浆。

(3) 能够完成不同畜肉类原料的菜肴组配。

(4) 能够对腌制上浆的畜肉类原料及组配完成的菜肴妥善保管。

(5) 能够培养食品安全操作卫生意识。

【知识技能准备】

一、原料上浆工艺

上浆挂糊是烹饪原料精加工的重要工序之一,是用一些佐助原料和调料,以一定的方式,给菜肴主料裹上一层"外衣"的过程,故而又称"着衣"。它与勾芡的区别在于"着衣"在原料加热之前进行,而勾芡在加热后期进行,原理和作用也明显不同。上浆挂糊通常包括上浆、挂糊和拍粉三项操作,它们在原理、作用、工艺等方面都有一定区别。

二、原料上浆原理

❶ 上浆原料的条件 上浆原料是指能在上浆过程中表面被裹上一层薄浆的烹饪原料,一般为动物的肌肉组织,包括畜肉、禽肉、水产品等。

❷ 上浆用料的作用 上浆用料是指用于上浆的佐助原料及调料,主要有食盐、淀粉、鸡蛋、水等。它们在上浆过程中各有重要作用。食盐是原料上浆的关键物质,其重要作用在于它的加入使得原料表面形成一层浓度较高的电解质层,将肌肉组织破损处(刀工处理所致)暴露的盐溶性蛋白质(主要是肌球蛋白)抽提出来,在原料周围形成一种黏性较大的蛋白质溶胶,同时可提高蛋白质的水化能力,以利于上浆。

❸ 上浆的作用 上浆的作用主要是主、配料表面的浆液受热凝固后形成的保护层对主、配料起到保护作用,其主要体现在以下几个方面。

(1) 保持主、配料的嫩度:主、配料上浆后持水性增强,加上主、配料表面受热形成的保护层热阻较大,通透性较差,可以有效防止主、配料过分受热所引起的蛋白质的深度变性,以及蛋白质深度变性所导致的主、配料持水性显著下降和所含水分的大量流失,从而保持主、配料成菜后具有滑嫩或脆嫩的质感。

(2)美化原料的形态:加热过程中原料形态的美化取决于两个方面:一是主、配料中水分的保持,二是主、配料中结缔组织不发生大幅度收缩。主、配料上浆所形成的保护层有利于保持水分和防止结缔组织过分收缩,使主、配料成菜后具有光润、亮洁、饱满、舒展的美丽形态。

(3)保持和增加菜肴的营养成分:上浆时主、配料表面形成的保护层,可以有效地防止主、配料中热敏性营养成分遭受严重破坏和水溶性营养成分的大量流失,起到保持营养成分的作用。不仅如此,上浆用料是由营养丰富的淀粉、蛋白质组成的,可以改善主、配料的营养组成,进而增加菜肴的营养价值。

(4)保持菜肴的鲜美滋味:主、配料多为滋味鲜美的动物性烹饪原料,如果直接放入热油锅内,主、配料会因骤然受到高温而迅速失去很多水分,使其鲜味减少。经上浆处理后,主、配料不再直接接触高温,热油也不易浸入主、配料的内部,主、配料内部的水分和鲜味不易外溢,从而保持了菜肴的鲜美滋味。

行 业 术 语

吃浆上劲指加工成型的小型原料,在上浆时,顺一个方向搅拌,使一部分浆液渗透到原料肌肉纤维里,另一部分则黏附在原料表面,待原料滋润起黏性的状态。

图 2-5-1

【成品标准】

蚝油牛肉菜肴组配成品标准为牛肉片长 4 cm、宽 3 cm,配料切片,胡萝卜切料头花,葱姜蒜切指甲片(图 2-5-1)。

【加工过程】

一、制作准备

❶ 工具准备　码斗、方盘、不锈钢盆、保鲜膜、片刀。

❷ 原料　蚝油牛肉所需主料、配料和腌制上浆调料。

二、菜肴组配

❶ 原料准备　按照岗位分工准备菜肴蚝油牛肉所需原料(图 2-5-2)。

菜肴名称	份数	准备主料		准备配料		准备料头		盛器规格
		名称	数量/g	名称	数量/g	名称	数量/g	
蚝油牛肉	1	牛通脊	200	香菇	30	葱	10	8寸圆盘
				胡萝卜	20	姜	3	
				彩椒	30	蒜	6	

图 2-5-2

❷ **菜肴组配过程**　如图 2-5-3 所示。

步骤一：牛通脊切成 2 mm 厚的片。

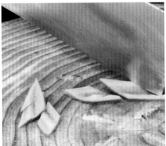
步骤二：青椒切成菱形片。

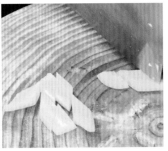
步骤三：黄椒切成菱形片。

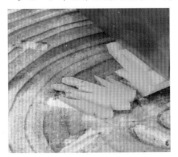
步骤四：胡萝卜改成料头花切片。

步骤五：水发香菇斜刀拉片切片。

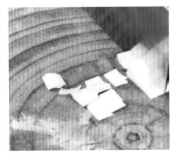
步骤六：大葱切指甲片。

步骤七：鲜姜切指甲片。

步骤八：蒜切指甲片。

步骤九：菜肴组配完成。

图 2-5-3

三、牛肉片的腌制上浆

❶ **牛肉片上浆成品质量要求** 调味恰当,浆薄厚、黏稠适度,滋润无血水渗出(图2-5-4)。熟制后牛肉片鲜嫩滑润。

图 2-5-4

❷ **牛肉片腌制上浆调料**

调味品名	数量/g
食盐	1
胡椒粉	0.5
鸡粉	2
玉米淀粉	25
小苏打	1
清水	60
生抽	2
蛋清	20
色拉油	30

❸ **牛肉片的腌制上浆过程** 如图 2-5-5 所示。

❹ **牛肉片腌制上浆后的保鲜知识** 牛肉片腌制上浆后封油封保鲜膜,在 0～4 ℃之间冷藏,取用时间不宜超出 24 h。

步骤一:碗中加入小苏打、食盐、胡椒粉、鸡粉、生抽、玉米淀粉、水。

步骤二:料汁稀释调匀。

图 2-5-5

Note

步骤三：加入牛肉片抓拌均匀，吃浆上劲。

步骤四：加入蛋清抓拌均匀。

步骤五：封一层色拉油（隔绝空气，避免小苏打氧化挥发，避免牛肉片滑油时粘连）。

步骤六：牛肉片腌制上浆成品。🖥

续图 2-5-5

【评价检测】

菜肴名称	评价标准	配分
蚝油牛肉	上浆颜色、嫩度、薄厚得当	20
	切配规格达到要求	20
	菜肴组配符合标准	20
	下脚料处理得当	20
	20 min 内加工完成	10
	操作过程符合卫生标准	10

视频：牛肉片腌制上浆

视频：猪肉丝腌制上浆

视频：羊肉片腌制上浆

任务拓展

知识链接

能力检测

Note

第三单元
禽类原料的加工与处理

一、单元学习内容

本单元的工作任务是在中餐厨房水台、砧板工作环境中以禽类原料为载体，通过水台、砧板工作过程让学生掌握初加工剔、斩、剁、洗，细加工直刀法直刀砍、直刀法拍刀砍、整料出骨等技法。巩固练习之前学习的直刀法推拉切、平刀法下片、斜刀法斜刀拉片（批）等技法，为中餐厨房提供符合标准的成型原料，强化学生的基本功。

二、单元任务简介

本单元由 5 个学习任务组成。

任务一是整鸡的加工与处理，选用整鸡为原料。利用直刀法直刀砍、直刀法拍刀砍、直刀法推拉切等技法对鸡肉进行细加工。为了使学生更熟悉鸡肉的加工与处理，本任务选择了鸡胸肉、鸡腿肉进行拓展练习。

任务二是整鸭的加工与处理，选用整鸭为原料。利用整料出骨、直刀法推刀切、平刀法下片和斜刀法斜刀拉片(批)等技法对鸭肉进行细加工。 为了使学生更熟悉禽肉类原料的加工与处理，本任务选择了整鹅进行拓展练习。

　　任务三是鸽子的加工与处理，选用鸽子为原料。 利用直刀法直刀砍等技法对鸽子肉进行细加工。 为了使学生更熟悉禽肉类原料的加工与处理，本任务选择了鹌鹑进行拓展练习。

　　任务四是禽类内脏的加工与处理，选用鹌鹑为原料。 利用直刀法一字花刀、菊花花刀等技法进行细加工。

　　任务五是禽肉类原料的腌制上浆与菜肴组配，选用宫保鸡丁为组配菜肴，利用原料的初加工与细加工方法和畜肉类原料上浆方法组配出四川名菜宫保鸡丁。为了使学生更熟悉禽肉类原料的腌制上浆与菜肴组配，本任务选用了蚝油鸡球、酱爆鸭片的菜肴组配和腌制上浆进行拓展练习。

三、单元学习要求

　　本单元的学习任务要求在与企业厨房生产环境一致的实训环境中完成。 学生通过实际训练能够初步适应原料加工厨房的工作环境；能够按照岗位工作流程基本完成开档和收档工作；能够按照砧板岗位工作流程运用初加工与细加工技法完成禽肉类原料和禽类内脏的加工与处理，为热菜厨房提供合格的组配原料，并在工作中培养合作意识、安全意识和卫生意识。

任务一

整鸡的加工与处理

扫码看课件

【任务描述】

在中餐厨房水台、砧板工作环境中,通过运用初加工与细加工的技法完成鸡肉类原料的分档取料及刀工成型处理。

【学习目标】

(1) 学会对鸡肉类原料进行品质鉴别。

(2) 能够运用剔、斩、剁对整鸡进行初加工。

(3) 能够运用直刀法、斜刀法、平刀法对鸡肉进行细加工。

(4) 能够对鸡肉类原料进行合理保鲜。

(5) 水台与砧板岗位能够较熟练沟通,工作环节衔接紧密。

【知识技能准备】

一、鸡的原料知识及特点

鸡(图 3-1-1)的肉质细嫩,滋味鲜美,适合多种烹调方法,并富有营养,有滋补养身的作用。选鸡肉首先要注意观察鸡肉的外观、颜色以及质感。一般来说,新鲜卫生的鸡肉块大小不会相差特别大,颜色会是白里透着红,看起来有亮度,手感比较光滑。注意:如果所见到的鸡肉注过水,肉质会显得特别有弹性,仔细看会发现皮上有红色针点,针眼周围呈乌黑色。注过水的鸡肉用手摸会感觉表面有些高低不平,似乎长有肿块一样,而未注水的正常鸡肉摸起来是很平滑的。

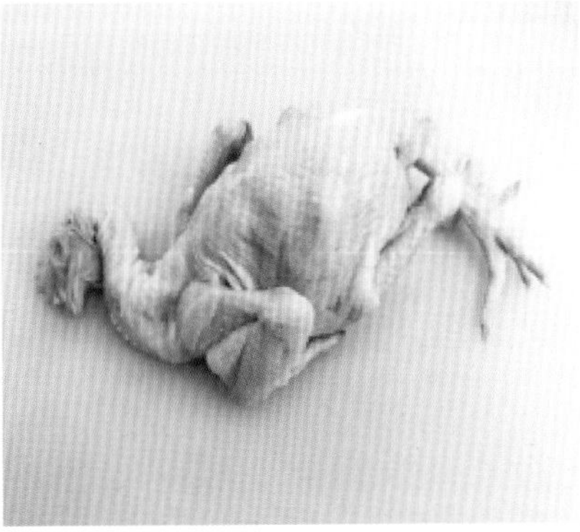

二、鸡的初加工概念

鸡的分档取料就是把已经宰杀的整只鸡,根据其肌肉、骨骼等组织的不同部位进行分类,并按照烹制菜肴的要求,有选择地进行取料。

图 3-1-1

要做好鸡的分档取料,关键是要熟悉肌肉组织的结构与分布,把握整只鸡的部位,准确下刀。

分档取料操作时,必须从外向里循序进行,否则会破坏肌肉组织,影响鸡肉质量。分档取料时,运刀须十分谨慎,刀刃要紧贴着骨骼徐徐而进。出骨时,骨要干净,做到骨不带肉、肉不带骨、骨肉分离,避免损伤肌肉造成浪费。

整鸡分档取料时运用的技法主要有剔、斩、剁。

三、鸡的刀工处理概念

整鸡分档取料完成后,可运用直刀法直刀砍、直刀法推拉切、斜刀法斜刀推片、斜刀法斜刀拉片、平刀法下片等技法对鸡肉进行刀工处理。

直刀法直刀砍操作时用左手扶稳原料,右手将刀举起,使刀保持上下垂直运动,用刀的中后部对准原料被砍的部位,用力挥刀直砍下去,使原料断开。这种刀法主要用于将原料加工成块、条、段等形状,也可用于分割大型带骨的原料。

直刀法直刀砍的适用原料:整鸡、整鸭、鱼、排骨和大块的肉等。

四、在加工过程中保持鸡肉营养价值不流失的方法

鸡肉蛋白质含量高,脂肪含量低,是健康的"白肉"代表。可是,我们许多人都遇到过这样的麻烦,在烹饪的时候鸡肉变得又干又柴,而且还会粘锅。怎样解决这一问题呢? 在烹饪前把鸡肉先用盐水泡半小时,这样就能保留高达80%的汁液,烹饪时鸡肉就不会粘在锅上了。

具体的操作办法:把鸡肉放在一碗盐水中(冰冻鸡肉需要先解冻),再把碗放在冰箱里,放20～30 min。然后,烹饪前把鸡肉完全晾干,或者用纸吸干水,即可烹饪。需要注意的是,鸡肉在浸泡了盐水之后,烹饪的时候就要少放盐或者不放盐,以免摄入盐分过多。

行 业 术 语

扩鸡:为了便于受热均匀和美观,把经过初步加工的鸡,剁去鸡爪及膀尖。有的菜肴在扩鸡时需要把脊骨、翅骨、腿骨砸断。

扩鱼:为了便于受热均匀和美观,把经过初步加工的鱼,剁去胸鳍、脊鳍的1/3,尾鳍的里边修裁整齐。

【成品标准】

一、初加工成品质量标准(分档取料)

初加工成品质量标准(分档取料)如图3-1-2所示。

图 3-1-2

 Note

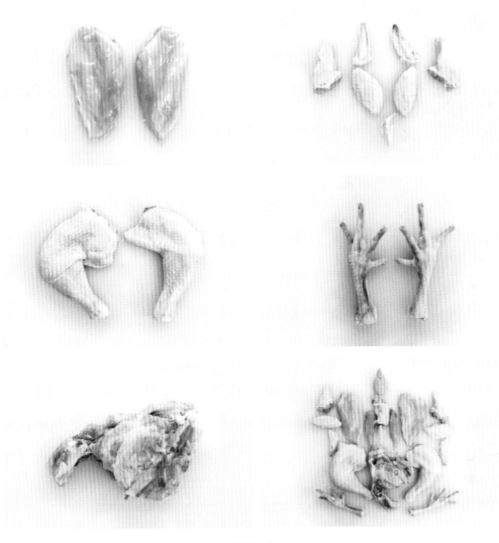

续图 3-1-2

　　整鸡初加工时,应去除残余鸡毛,分档清晰。切割时下刀准确不带肉,不伤及其他部位,干净卫生,适用于砧板加工成片、块、条、丁等形状。其中,鸡胸、鸡腿、鸡翅的成品质量标准应为鸡胸形状完整;鸡腿关节处光滑,表皮完整;鸡翅没有多余刀口。

二、细加工成品质量标准

　　细加工成品质量标准如图 3-1-3 所示。

【加工过程】

一、制作准备

❶ **工具准备** 菜墩、片刀、码斗、方盘、不锈钢盆、保鲜膜。

❷ **原料准备** 整鸡 1500 g。

二、初加工过程:整鸡的分档取料

　　整鸡的分档取料如图 3-1-4 所示。

鸡肉块(3.5 cm见方)

鸡肉段（粗段）(长3.5 cm、宽1 cm)

鸡丝(长7 cm、粗0.2 cm×0.2 cm)

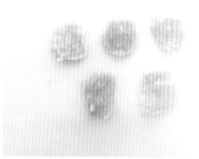

鸡片(长3 cm、宽4 cm、厚0.2 cm)

图 3-1-3

步骤一：去除鸡内脏（鸡心、鸡肝、鸡肺等）。

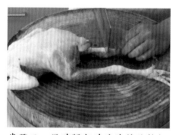

步骤二：沿鸡腿与鸡爪连接处软组织下刀去除鸡爪。

步骤三：用刀沿脊背划开。

步骤四：左手握腿，在大腿弯处划开皮肉，切至大腿骨的接合处，将腿向刀口背部反折，使腿骨脱白，然后用刀割断脱白处的筋，再用刀压住鸡身，左手用力扯下大腿，腹背上的一层肉也随大腿肉被扯下。

步骤五：用与步骤四同样的方法切下另一条腿。

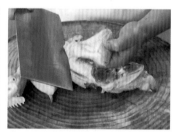

步骤六：鸡胸向上，用刀划开左翅根部至骨的接合处，并切断筋，用刀压住鸡身扯下翅，与之相连的鸡胸肉也同时被扯下。

视频：整鸡分档取料

图 3-1-4

Note

步骤七：用与步骤六同样的方法分割下另一侧鸡翅及鸡胸肉。　步骤八：取出鸡里脊（鸡牙子）。　步骤九：用刀将鸡头、鸡颈切下。

续图 3-1-4

三、鸡肉的细加工过程

❶ 鸡腿剔骨　如图 3-1-5 所示。

步骤一：将鸡腿肉沿腿骨划开。　步骤二：在腿骨划出腿根关节并剁断。

步骤三：将腿骨用刀跟按住托出。　步骤四：鸡腿骨完整剔出。

视频：鸡腿剔骨

图 3-1-5

技术要点：在鸡腿剔骨的过程中，要准确找到下刀处。操作时，用刀要小心，用力要充分，动作要连贯，成品要美观。

❷ 鸡肉块的加工方法　如图 3-1-6 所示。

技术要点：右手握牢刀柄，防止脱手伤人，但也不要握得太呆板，不利于操作。将鸡肉在墩面上放平稳，左手扶料要离落刀处远一点，防止伤手。落刀要充分有力、准确，尽量不重刀，将鸡肉一刀砍断。

❸ 鸡肉段的加工方法　如图 3-1-7 所示。

技术要点：在行刀过程中，鸡腿肉在墩面上一定要放平稳，一刀将鸡腿肉切断。

❹ 鸡片的加工方法　如图 3-1-8 所示。

Note

步骤一：左手扶稳原料，右手持刀，将刀对准鸡腿被砍的位置。　步骤二：用此方法将鸡腿砍完。　步骤三：鸡肉大块再用砍的方法从中间砍开。

图 3-1-6

步骤一：鸡腿肉从中间切开。　　　　步骤二：利用直刀法推拉切将鸡腿肉切段。

图 3-1-7

步骤一：将片开的鸡胸肉从中间切开。　步骤二：运用斜刀法斜刀拉片，将鸡胸肉片成鸡片。

图 3-1-8

技术要点：右手扶刀，左手扶稳鸡胸肉，根据鸡胸肉的厚度调整刀与墩面的角度，保证鸡片大小一致。

⑤ **鸡丝的加工方法**　如图 3-1-9 所示。

技术要点：运用平刀法下片加工鸡片时，刀要端平；运用直刀法拉刀切加工鸡丝时，要端连分明。

⑥ **鸡肉细加工后的保鲜**　将加工好的鸡肉块、鸡肉段、鸡丝、鸡片等分别放入保鲜盒内，外标加工原料名称、日期、重量和加工厨师姓名，入保鲜柜保鲜（温度控制在 1～4 ℃）。

Note

步骤一：将鸡胸肉平放于墩面。

步骤二：左手按稳鸡胸肉，右手持刀，刀平行于墩面，对准被切的位置。

步骤三：运用平刀法下片，将鸡胸肉片成鸡片。

步骤四：运用直刀法拉刀切，将鸡片切成鸡丝。

图 3-1-9

【评价检测】

一、初加工评价标准

原料名称	评价标准	配分
整鸡(1500 g)	整鸡初加工完成后，应形态规整、无多余刀痕、无损伤	30
	分档清晰合理	30
	15 min 内加工完成	20
	操作过程符合水台卫生标准	20

二、细加工评价标准

原料名称	评价标准	配分
鸡胸肉(300 g) 鸡腿肉(300 g)	鸡肉块 3.5 cm 见方	20
	鸡片长 3 cm、宽 4 cm、厚 0.2 cm	20
	鸡丝长 7 cm、粗 0.2 cm×0.2 cm	20
	鸡肉段长 3.5 cm、宽 1 cm	20
	30 min 内加工完成	10
	操作过程符合砧板卫生标准	10

任务拓展

视频：鸡脯下片出片

视频：鸡腿肉切丁

知识链接

Note

任务二

整鸭的加工与处理

扫码看课件

【任务描述】

　　在中餐厨房水台、砧板工作环境中,通过运用初加工与细加工的技法完成鸭肉类原料的分档取料及刀工成型处理。

【学习目标】

　　(1)学会对鸭肉类原料进行品质鉴别。

　　(2)能够运用剔、斩、剁对整鸭进行初加工。

　　(3)能够运用直刀法推拉切、平刀法下片和斜刀法斜刀拉片对鸭肉进行细加工。

　　(4)能够对鸭肉类原料进行合理保鲜。

　　(5)水台与砧板岗位能够较熟练沟通。

【知识技能准备】

一、鸭肉的原料知识及特点

图 3-2-1

　　鸭肉(图 3-2-1)富含不饱和脂肪酸,易于消化,其所含 B 族维生素和维生素 E 也较其他肉类多,能有效抵抗脚气病、神经炎和多种炎症,还能抗衰老。鸭肉中含有较为丰富的烟酸,它是构成人体内两种重要辅酶的成分之一,对心肌梗死等心脏疾病患者有保护作用。

　　鸭肉是餐桌上的上乘肴馔,也是人们进补的优良食品。鸭肉的营养价值与鸡肉相仿。

　　鸭肉是为数不多的性质偏凉的禽肉类,在我国炎热的南方地区作为重要的动物蛋白来源深受大家喜爱。在炎热的夏季,吃肉首选鸭肉。

二、鸭肉的初加工技法

　　❶ 运用技法　剔、斩、剁。

　　❷ 鸭肉的刀工处理概念　运用直刀法直刀砍、直刀法推刀切、平刀法下片和斜刀法斜刀拉片等技法对鸭肉进行刀工处理。

　　(1)直刀法推刀切:这种刀法操作时要求刀与墩面垂直,刀由后向前、由上而下推刀下去,一刀到底将原料断开,着力点在刀的中后端。这种刀法主要是在片的基础上,把原料加工成丝、条、块、丁、粒或其他几何形状。

　　适用原料:鸡肉、鸭肉、净鱼肉、白菜等。

（2）斜刀法斜刀拉片：这种刀法在操作时要求将刀身倾斜，刀背朝右前方，刀刃自左前方向右后方运动，将原料片开。

斜刀法斜刀拉片适宜加工各种韧性原料，如鸡肉、鸭肉、猪腰、净鱼肉、大虾肉、猪牛羊肉等，对白菜帮、油菜帮、扁豆等也可加工。

三、挑选鸭肉的注意事项

❶ 看颜色　鸭肉的体表光滑，呈现乳白色，切开鸭肉后切面呈现玫瑰色就说明是质量良好的鸭肉。如果鸭肉表面渗出油脂，呈现浅红色或乳黄色，则质量不佳。

❷ 闻味道　好的鸭肉应当是香气四溢的。

❸ 摸肉质　新鲜优质的鸭肉摸上去很结实。

图 3-2-2

【成品标准】

一、初加工成品质量标准

整鸭初加工时，应除尽残余鸭毛，分档清晰，切割时关节处下刀准确不带肉，不伤鸭皮，干净卫生，适合砧板加工成片、块、条、丁、丝等形状（图 3-2-2）。

二、细加工成品质量标准

细加工成品质量标准如图 3-2-3 所示。

片（长4 cm、宽3 cm、厚0.2 cm）

丝（长7 cm，粗0.3 cm×0.3 cm）

丁（1.2 cm见方）

脱骨鸭肉（骨不带肉，肉不带骨、筋膜，形态完整，无破皮现象）

图 3-2-3

【加工过程】

一、制作准备

❶ 工具准备　菜墩、片刀、码斗、方盘、不锈钢盆、保鲜膜。

❷ 原料准备　整鸭 2000 g。

二、初加工过程：整鸭的分档取料

整鸭的分档取料如图 3-2-4 所示。

步骤一：切下鸭掌。

步骤二：鸭子背部朝上，用刀尖从脖颈处切开。

步骤三：取下两侧鸭腿。

步骤四：取下两侧鸭胸。

步骤五：取下两侧鸭里脊。

步骤六：取下鸭头。

图 3-2-4

三、鸭肉的细加工过程

❶ 鸭肉切片　如图 3-2-5 所示。

技术要点：左手扶料，右手扶刀，刀与墩面形成角度。片要薄厚均匀，标准、大小一致。

步骤一：切掉鸭胸肉的皮和筋膜。

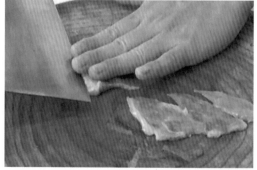
步骤二：刀倾斜片入鸭肉，将刀用力向后拉片，将鸭胸肉片开。

图 3-2-5

❷ 鸭肉切丝　如图 3-2-6 所示。

Note

技术要点:使用平刀法下片和直刀法推拉切两种刀法完成。片要薄厚一致,丝要粗细一致。切丝时要顺着纤维纹路走(横切丝竖切片)。

步骤一:利用平刀法下片将鸭胸肉片成0.2 cm厚的片,码放整齐。

步骤二:利用直刀法推拉切出丝。

图 3-2-6

❸ **整鸭脱骨**　如图 3-2-7 所示。

技术要点:在整鸭脱骨的过程中,准确找到下刀关节处,一刀切下。操作时,用力要充分,动作要连贯,出骨时不要伤害鸭子表皮,影响美观。

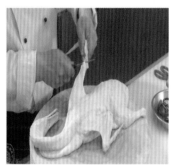

步骤一:用小刀切去鸭爪。

步骤二:用刀尖从脖颈处开8 cm的口子。

步骤三:将鸭子食管、气管剥离,并斩掉脖颈骨。

步骤四:将鸭肉外翻,用刀尖沿锁骨处将肉剥离。

步骤五:断腿骨取下骨架,使整架脱出。

步骤六:将脱骨整鸭翻转使皮朝外,脱骨完成。

图 3-2-7

视频:整鸭脱骨

❹ **鸭肉细加工后的保鲜**　将加工好的鸭肉块、鸭肉片、鸭肉丝、脱骨鸭肉分别放入保鲜盒内,外标加工原料名称、日期、重量和加工厨师姓名,入保鲜柜保鲜(温度控制在1～4 ℃)。

Note

【评价检测】

一、初加工评价标准

原料名称	评价标准	配分
整鸭(2000 g)	整鸭初加工完成后,应表面光洁,形态规整,无多余刀痕、无损伤	30
	分档合理	30
	20 min 内加工完成	20
	操作过程符合水台卫生标准	20

二、细加工评价标准

原料名称	评价标准	配分
鸭胸肉(700 g) 整鸭(2000 g)	鸭肉片长 4 cm、宽 3 cm、厚 0.2 cm	20
	鸭肉丝长 7 cm、粗 0.3 cm×0.3 cm	20
	脱骨鸭肉(骨不带肉,肉不带骨、筋膜,形态完整,无破皮现象)	40
	40 min 内加工完成	10
	操作过程符合砧板卫生标准	10

任务拓展

知识链接

Note

任务三

鸽子的加工与处理

扫码看课件

【任务描述】

在中餐厨房水台、砧板工作环境中,通过运用初加工与细加工的技法完成鸽子原料的分档取料及刀工成型处理。

【学习目标】

(1) 学会对鸽子进行品质鉴别。

(2) 能够运用剔、斩对鸽子进行初加工。

(3) 能够运用直刀法直刀砍对鸽子进行切块的加工。

(4) 能够对鸽子原料进行合理保鲜。

【知识技能准备】

一、鸽子(图 3-3-1)的原料知识及特点

野鸽为未经驯化的野生鸽子,主要分岩栖和树栖两类。其分布于世界各地,有林鸽、岩鸽、北美旅行鸽、雪鸽、斑鸠等多种。我国是世界上鸽子的原产地之一。《鸽经》上说:"野鸽逐队成群,海宇皆然。"在我国的北方和西北高原等地区,不仅有栖息在岩石上的岩鸽,也有栖息在树枝上的林鸽。长江流域一带有一种俗称"水咕咕"的野生林鸽。台湾南投县有一处当地人称"野鸽谷"的地方,野鸽成群结队。点斑鸽、斑尾林鸽和欧鸽等野鸽可与家鸽杂交,育出新品种。

图 3-3-1

我国民间有"一鸽胜九鸡"的说法。鸽肉不但营养丰富,而且有一定的保健功效,能防治多种疾病。中医学认为,鸽肉有补肝壮肾、益气补血、清热解毒、生津止渴等功效。现代医学认为,鸽肉壮体补肾、生机活力、健脑补神,可提高记忆力、降低血压、调整人体

Note

血糖、养颜美容,使皮肤洁白细嫩,延年益寿。在秋冬季节多喝鸽子汤,可以增强体质,增加皮肤弹性,改善血液循环。

二、鸽子的初加工技法

运用的技法有剔、斩。

三、鸽子的刀工处理概念

直刀法直刀砍:这种刀法在操作时用左手扶稳原料,右手将刀举起,使刀保持上下垂直运动,用刀的中后部对准原料被砍的部位,用力挥刀砍下去,使原料断开。这种刀法主要用于将原料加工成块、条、段等形状,也可用于分割大型带骨的原料。

四、鸽子加工时的注意事项

(1)用手仔细摘除细毛或将残毛烧掉,然后斩掉爪和翅尖。
(2)剔开颈皮摘除气管时,用手抓住气管将其从颈皮下撕下来。
(3)内腔清洗时要掏洗干净。

【成品标准】

一、初加工成品质量标准

鸽子初加工完成后,应表面光洁,无残毛,去除翅尖、爪子时下刀要准确,腔内无内脏残留物,清洁干净(图 3-3-2)。

二、细加工成品质量标准

细加工后的鸽子应为块状,块的成品规格应为长 4 cm、宽 3 cm(图 3-3-3)。

图 3-3-2

图 3-3-3

【加工过程】

一、制作准备

❶ 工具准备　菜墩、片刀、码斗、方盘、不锈钢盆、保鲜膜。
❷ 原料准备　肉鸽一只(500 g)。

二、鸽子的初加工过程

鸽子的初加工过程如图 3-3-4 所示。

步骤一：去除鸽子的翅尖。　　步骤二：去除鸽子的爪子。　　步骤三：用清水洗净表面及内膛。

图 3-3-4

三、鸽子的细加工过程

❶ 鸽子剁块　如图 3-3-5 所示。

技术要点：右手握牢刀柄，防止脱手伤人，但也不要握得太呆板，不利于操作。将鸽子在墩面上放平稳，左手扶料，要离落刀处远一点，防止伤手。落刀要充分有力、准确，尽量将原料一刀砍断。

步骤一：左手扶稳原料，右手持刀，砍掉鸽子的头和颈。　　步骤二：将鸽子背部朝下从中间切开。

步骤三：将鸽子两边的翅膀砍下来。　　步骤四：将鸽子剁成块。

视频：鸽子剁块

图 3-3-5

❷ 鸽子细加工成型后的保鲜　将加工好的鸽子块放入保鲜盒内，外标加工原料名称、日期、重量和加工厨师姓名，入保鲜柜保鲜（温度控制在 1～4 ℃）。

Note

【评价检测】

一、初加工评价标准

原料名称	评价标准	配分
整鸽(500 g)	整鸽初加工完成后,应表面光洁,形态规整,无多余刀痕、无损伤	30
	分档合理	30
	20 min 内加工完成	20
	操作过程符合水台卫生标准	20

二、细加工评价标准

原料名称	评价标准	配分
整鸽(500 g)	鸽子块长 4 cm、宽 3 cm,15 min 内加工完成	20
	整鸽脱骨(参考整鸭脱骨)25 min 内加工完成	30
	脱骨质量(参考整鸭脱骨)	30
	操作过程符合砧板卫生标准	20

任务拓展

知识链接

Note

任务四

禽类内脏的加工与处理

扫码看课件

【任务描述】

在中餐厨房水台、砧板工作环境中,通过运用初加工与细加工的技法完成禽类内脏的分档取料及刀工成型处理。

【学习目标】

(1)学会对禽类内脏进行品质鉴别。

(2)能够正确洗涤整理禽类内脏。

(3)能够运用一字花刀、菊花花刀等剞刀法对禽类的心、胗进行刀工处理。

(4)能够对禽类内脏进行合理保鲜。

【知识技能准备】

一、禽类内脏洗涤整理的方法

❶ **肝** 在开膛时,取出肝脏,摘去附着的胆囊,将肝冲洗干净。

❷ **胗** 先割去前段的食管及肠,将胗轻轻剖开,除去内部污物,再剥掉其内壁的黄皮,加盐搓擦片刻后,用清水冲洗干净。

❸ **肠** 将肠理直,洗净附在肠上的两条白色胰脏,然后剖开肠,洗净污物,用盐、醋搓擦,去掉肠壁上的黏液和异味,洗涤干净后用开水略烫即可。

❹ **血** 将已凝结的血放入开水中烫熟或用小火蒸熟。注意加热时间不宜过长,火力也不可过大,否则血块会起孔,影响口感和品质。

❺ **油脂** 鸡、鸭等禽类腹内的油脂取出后不宜煎熬,应采用蒸的方法加工。先将油脂洗净,切碎后放入碗内,然后加葱姜上笼蒸至油脂熔化后取出,去掉葱姜即可。此外,心、肾及成熟的卵蛋等洗净后均可以制作菜肴。

二、禽类内脏的刀工处理

洗涤整理后的心、胗等禽类内脏,可运用一字花刀、菊花花刀等剞刀法进行刀工处理。

❶ **一字花刀** 一字花刀一般运用斜刀法拉剞或直刀法推剞的刀法制作而成,适用于加工肉质较厚的原料,如鸡心、鸭心及青鱼、草鱼、鲈鱼、鳝鱼、河鳗等鱼类。加工时要求刀距均匀,刀纹深浅一致。

❷ **菊花花刀** 菊花花刀是运用直刀法推剞的刀法加工制成的,常用于加工鸡胗、鸭胗、净鱼肉等原料。加工时要求刀距均匀,刀纹深浅一致,要选择肉质稍厚的原料。

Note

【成品标准】

一、初加工成品质量标准

初加工成品质量标准如图 3-4-1 所示。

  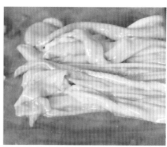

心（外形完整，干净卫生）　　胗（无污物，内、外壁干净整洁）　　肠（无污物，无黏液，无异味）

图 3-4-1

二、细加工成品质量标准

细加工成品质量标准如图 3-4-2 所示。

一字花刀（深0.3 cm）　　　　菊花花刀（深3/4，刀距0.3 cm）

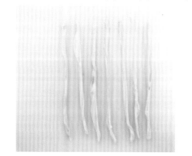  

鸭肠切段（长7 cm）　　鸭胗片成片（厚0.2 cm）　　鸭掌去骨（形态完整,去骨干净）

图 3-4-2

【加工过程】

一、制作准备

❶ **工具准备** 菜墩、片刀、码斗、方盘、不锈钢盆、保鲜膜。

❷ **原料准备** 鸡心 250 g、鸡胗 200 g、鸭肠 200 g、鸭胗 200 g，精盐，白醋。

二、禽类内脏的初加工过程

以清洗鸭肠（图 3-4-3）为例。

步骤一：鸭肠中加入盐。　步骤二：鸭肠中加入白醋反复搓洗　步骤三：搓洗好的鸭肠用清水清洗
　　　　　　　　　　　　（重复一次）。　　　　　　　干净（重复一次）。

图 3-4-3

三、禽类内脏的细加工过程

❶ **鸡心剞一字花刀** 如图 3-4-4 所示。

步骤一：鸡心从中间切开，不要切断。　　步骤二：从左至右用直刀法推剞，深度为 0.3 cm。

图 3-4-4

❷ **鸡胗剞菊花花刀** 如图 3-4-5 所示。

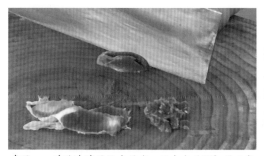 

步骤一：鸡胗冷冻后从左至右、刀由上至下切至四分　步骤二：鸡胗翻转，再次从左至右交叉剞刀，深度为
之三处，刀距为 0.3 cm。　　　　　　　　　　　四分之三，刀距为 0.3 cm。🖥

视频：鸡胗剞
菊花花刀

图 3-4-5

Note

③ **鸭胗下片**   如图 3-4-6 所示。

④ **鸭肠切段**   运用直刀法推切将鸭肠加工成 7 cm 长的段(图 3-4-7)。

⑤ **鸭掌去骨**   如图 3-4-8 所示。注:鸭掌不属于内脏,因鸭掌无肉,故将此加工处理置于禽类内脏中介绍。

步骤一:鸭胗平放于墩面。　　步骤二:用下片法将鸭胗片成片,　　步骤三:鸭胗全部片完即可。
　　　　　　　　　　　　　　片不要断开。

图 3-4-6

图 3-4-7

步骤一:将鸭掌用刀沿鸭骨划开。　　　　步骤二:去除鸭掌骨头。

图 3-4-8

⑥ **禽类内脏细加工成型后的保鲜**   将加工好的鸡心、鸭胗、鸭肠、去骨鸭掌等原料放入保鲜盒内,外标加工原料名称、日期、重量和加工厨师姓名,入保鲜柜保鲜(温度控制在 1~4 ℃)。

【评价检测】

一、初加工评价标准

原料名称	评价标准	配分
鸡心(250 g) 鸡胗(200 g) 鸭肠(200 g) 鸭胗(200 g)	禽类内脏初加工完成,应清洗后表面光洁,形态规整	50
	20 min 内加工完成	50

二、细加工评价标准

原料名称	评价标准	配分
鸡心(250 g) 鸡胗(200 g) 鸭肠(200 g) 鸭胗(200 g)	鸡心一字花刀:深度为 0.3 cm	10
	鸡胗菊花花刀:深度为 3/4,刀距为 0.3 cm	20
	鸭肠段:长为 7 cm	15
	鸭胗片:不断刀,厚为 0.2 cm	10
	去骨鸭掌:形态完整,去骨干净	15
	40 min 内加工完成	15
	操作过程符合砧板卫生标准	15

任务拓展

知识链接

任务五

禽肉类原料的腌制上浆与菜肴组配

扫码看课件

【任务描述】

在中餐厨房水台、砧板工作环境中，依据单品菜肴组配标准，通过运用初加工、细加工的技法完成禽肉类原料的分档取料及刀工成型处理；运用腌制、上浆、配菜方法完成禽肉类原料的腌制上浆及菜肴组配。

【学习目标】

(1) 熟悉禽肉类原料腌制上浆与菜肴组配的操作要求。

(2) 能够完成不同禽肉类原料的腌制上浆。

(3) 能够完成不同禽肉类原料的菜肴组配。

(4) 能够对腌制上浆的禽肉类原料及组配完成的菜肴妥善保管。

(5) 能够培养食品安全操作卫生意识。

【知识技能准备】

一、原料上浆工艺

参考第二单元任务五畜肉类原料的上浆工艺。

二、原料上浆原理

参考第二单元任务五畜肉类原料的上浆原理。

三、禽肉类原料上浆制嫩原理

禽肉类原料是指用鸡腿肉、鸡胸肉等加工的片、丁、丝、粒等小料形。如果是制作炒鸡丝、熘鸡片，要求色泽洁白，那么这些经改刀后的原料就要漂洗。如果制作鱼香鸡丝、宫保鸡丁，则原料不需漂洗，这是因为这些菜肴的颜色不是洁白的，同时，漂洗总会流失部分营养素和风味成分。禽肉类原料的腌制，除常用调味品食盐、味精、葱姜酒汁腌制外，特殊的菜肴还要加酱油、香料等。原料腌制的嫩与老，关键在于原料所含水分的多与少，水产类原料本身含水量大，无须加水，甚至要挤去多余水分才利于上浆，而陆生的禽肉类原料含水量不及水产类原料，上浆时常要加一定量的水。将原料加工成丁、丝、条、片等形状后，原料的表面积增大，暴露出的蛋白质亲水性基团相应增多，加水后，水分子与亲水性基团发生水合作用，而使水被牢固地吸附在蛋白质上，加入食盐（低浓度）后，食盐电离出的 Na^+、Cl^- 吸附在蛋白质分子表面，增加了蛋白质表面的极性基团，这样亲水性基团与极性基团一起，使蛋白质水化能力大大增加，肌肉含水量增多，烹制后

Note

的成品质感软嫩。腌制时要控制好加盐量,盐少达不到腌制目的,也不利于原料吸水致嫩与增加黏性(即俗称的"上劲");盐多味咸,并且强烈的水化作用能剥去蛋白质分子表面的水化层,使大量水分从组织内渗出,导致脱浆。上浆后的禽肉类原料需静置一段时间再烹调。

行 业 用 语

薄为浆,厚为糊。上浆要薄得像透明的绸子,光亮滋润,充分拌匀,吃浆上劲,不出水。挂糊要像冬天穿的棉袄,将原料裹严实。

【成品标准】

宫保鸡丁菜肴组配标准为鸡丁切成 1.2 cm 见方的丁,大葱顶刀切丁,花生米去皮,姜蒜切指甲片,干辣椒节 1 cm 长(图 3-5-1)。

图 3-5-1

【加工过程】

一、制作准备

❶ **工具准备**　菜墩、片刀、码斗、方盘、不锈钢盆、保鲜膜。

❷ **原料准备**　宫保鸡丁所需主料、配料和腌制上浆调料。

二、菜肴组配

❶ **原料准备**　按照岗位分工准备菜肴宫保鸡丁所需原料(图 3-5-2)。

菜肴名称	份数	准备主料		准备配料		准备料头		盛器规格
		名称	数量/g	名称	数量/g	名称	数量/g	
宫保鸡丁	1	鸡腿肉	250	花生米	80	辣椒面	5	8寸圆盘
						花椒	5	
				蛋清	40	干辣椒	15	
						大葱	50	
						姜	15	
						蒜	20	

图 3-5-2

❷ **菜肴组配过程**　如图 3-5-3 所示。

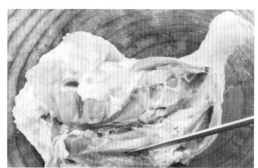
步骤一：鸡腿去主骨及牙签骨。

步骤二：去骨鸡腿剞刀斩断筋膜。

步骤三：鸡腿肉切成1.2 cm宽的条。

步骤四：鸡肉条切成1.2 cm见方的丁。

步骤五：大葱切成丁。

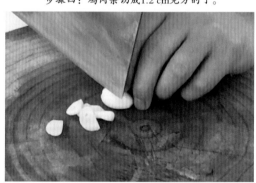
步骤六：姜蒜切指甲片。

步骤七：干辣椒剪成辣椒节。

步骤八：宫保鸡丁菜肴组配完成。

图 3-5-3　菜肴组配过程

Note

三、鸡丁的腌制上浆

❶ **鸡丁腌制上浆质量要求**　调味适中,浆薄厚适度,颜色浅红,无汁水渗出(图 3-5-4)。熟制后形态饱满,口感滑嫩。

图 3-5-4

❷ **鸡丁腌制上浆配料**

热菜上浆——蛋清浆(1 份)

调味品名	数量	质量标准
料酒	10 mL	底口适当,搅拌均匀,吃浆上劲
食盐	0.5 g	
鸡粉	1 g	
酱油	5 mL	
蛋清	40 g	
胡椒粉	0.5 g	
色拉油	10 mL	
水淀粉	25 g	

❸ **鸡丁的腌制上浆过程**　如图 3-5-5 所示。

❹ **鸡丁腌制上浆后的保鲜知识**　鸡丁腌制上浆后在 0～4 ℃之间冷藏,取用时间不宜超出 24 h,烹调后其品质基本符合食用时的嫩度和口味要求。

步骤一:鸡丁中加入食盐、鸡粉、胡椒粉、料酒抓拌均匀。

步骤二:鸡丁中加入蛋清抓拌均匀。

图 3-5-5

步骤三：鸡丁中加入水淀粉抓拌均匀。

步骤四：鸡丁中加入酱油抓拌均匀。

步骤五：腌制好的鸡丁中加入色拉油。

步骤六：鸡丁腌制上浆完成。🖳

续图 3-5-5

视频：鸡丁腌
制上浆

【评价检测】

菜肴名称	评价标准	配分
宫保鸡丁	上浆颜色、嫩度、薄厚得当	20
	切配规格达到要求	20
	菜肴组配符合标准	20
	下脚料处理得当	20
	20 min 内加工完成	10
	操作过程符合卫生标准	10

任务拓展

知识链接

能力检测

Note

第四单元
水产类原料的加工与处理

◆学习导读

一、单元学习内容

本单元的工作任务是在中餐厨房水台、砧板工作环境中以水产类原料为载体，通过水台、砧板工作过程让学生掌握初加工剔、斩、剁、洗，细加工分档取料、牡丹花刀、松鼠鱼花刀、菊花花刀、直刀法直刀剖、麦穗花刀、荔枝花刀、松果花刀、直刀法拍刀砍（劈）、螃蟹出肉等技法，巩固练习之前学习的直刀法推拉切、平刀法平刀推片下片、平刀法平刀拉片（批）、直刀法推切、直刀法直刀砍（劈）等技法，为中餐厨房提供符合标准的成型原料，强化学生的基本功。

二、单元任务简介

本单元由 7 个学习任务组成。

任务一是草鱼的加工与处理，选用草鱼等淡水鱼为原料。利用分档取料进行草鱼分档，利用牡丹花刀、松鼠鱼花刀、菊花花刀等技法对草鱼等淡水鱼进行细加工。为了使学生更熟悉鱼类原料的加工与处理，本任务选择了平鱼、胖头鱼、三文鱼进行拓展练习。

任务二是鳝鱼的加工与处理，选用鳝鱼为原料。利用直刀法直刀剖、直刀法推拉切等技法对鳝鱼进行细加工。为了使学生更熟悉鳝鱼类原料的细加工，本任务选择了白鳝进行拓展练习。

任务三是鱿鱼的加工与处理，选用鱿鱼为原料。利用麦穗花刀、荔枝花刀、松果花刀等技法对鱿鱼进行细加工。为了使学生更熟悉鱿鱼类原料的细加工，本任务选择了墨鱼进行拓展练习。

任务四是海螺的加工与处理，选用海螺为原料。利用平刀法平刀推片下片法等技法对海螺肉进行细加工。为了使学生更熟悉贝类原料的细加工，本任务选择了鲍鱼、带子、象拔蚌、扇贝进行拓展练习。

任务五是白虾的加工与处理，选用白虾为原料。利用平刀法平刀拉片(批)、直刀法推切等技法对白虾肉进行细加工。为了使学生更熟悉虾类原料的细加工，本任务选择了龙虾、皮皮虾、小龙虾进行拓展练习。

任务六是河蟹的加工与处理，选用河蟹为原料。利用直刀法拍刀砍(劈)、直刀法直刀砍(劈)、螃蟹出肉等技法对河蟹进行细加工。为了使学生更熟悉蟹类原料的细加工，本任务选择了膏蟹、梭子蟹进行拓展练习。

任务七是水产类原料的腌制上浆与菜肴组配，选用炸烹虾段、滑溜鱼片为组配菜肴，利用原料的初加工与细加工方法和原料上浆方法组配。为了使学生更熟悉水产类原料的腌制上浆与菜肴组配，本任务选用了 XO 酱爆带子、软炸虾仁的菜肴组配和原料上浆进行拓展练习。

三、单元学习要求

本单元的学习任务要求在与企业厨房生产环境一致的实训环境中完成。学生通过实际训练能够初步适应原料加工工作环境；能够按照原料加工岗位工作流程基本完成开档和收档工作；能够按照砧板岗位工作流程运用初加工与细加工技法完成水产类原料的加工与处理，为热菜厨房提供合格的组配原料，并在工作中培养合作意识、安全意识和卫生意识。

草鱼的加工与处理

扫码看课件

【任务描述】

在中餐厨房水台、砧板工作环境中,通过运用初加工与细加工的技法完成淡水鱼类原料草鱼、鳜鱼等的分档取料及刀工成型处理。

【学习目标】

(1) 能够对淡水圆体鱼类草鱼进行品质鉴别。

(2) 能够运用剔、斩、剁、片对草鱼进行初加工。

(3) 能够运用牡丹花刀、松鼠鱼花刀、菊花花刀等对淡水鱼类原料进行细加工。

(4) 能够对淡水鱼类原料进行合理保鲜。

(5) 水台与砧板岗位能够较熟练沟通,工作环节衔接紧密。

【知识技能准备】

一、草鱼的原料知识及特点

草鱼(图 4-1-1),属圆体鱼类,体略呈圆筒形,头部稍平扁,尾部侧扁;口呈弧形,无须;上颌略长于下颌;体呈浅茶黄色,背部青灰,腹部灰白,胸、腹鳍略带灰黄色,其他各鳍呈浅灰色。其体较长,腹部无棱。下咽齿两行,侧扁,呈梳状,齿侧具横沟纹。背鳍和臀鳍均无硬刺,背鳍和腹鳍相对。草鱼栖息于平原地区的江河湖泊,一般喜居于水的中下层和近岸多水草区域。

图 4-1-1

性活泼,游泳迅速,常成群觅食,为典型的草食性鱼类。草鱼幼鱼期食幼虫、藻类等,草鱼也吃一些荤食,如蚯蚓、蜻蜓等。草鱼在干流或湖泊的深水处越冬,生殖季节亲鱼有溯游习性。其因生长迅速,饲料来源广,是中国淡水养殖的四大家鱼之一。

二、鳜鱼的原料知识及特点

鳜鱼(图 4-1-2)体较高而侧扁,背部隆起。口大,下颌明显长于上颌。上下颌、犁骨、口盖骨上都有大小不等的小齿,前鳃盖骨后缘呈锯齿状,下缘有 4 个大棘;后鳃盖骨后缘有 2 个大棘。头部具鳞,鳞细小,侧线沿背弧向上弯曲。背鳍分两部分,彼此连接,前部为硬刺,后部为软鳍条。体呈黄绿色,腹部呈灰白色,体侧具有不规则的暗棕色斑点及斑块,自吻端穿过眼眶至背鳍前下方有一条狭长的黑色带纹。鳜鱼广泛分布于嘉陵江流域、中国东部平原的江河湖泊,天然产量相当高。

三、鲤鱼的原料知识介绍及特点

鲤鱼(图 4-1-3),中文别名鲤拐子、鲤子、毛子、红鱼。鲤鱼是鲤科中粗强的褐色鱼,原产亚洲,后引进欧洲、北美以及其他地区,杂食性。鲤鱼鳞大,上腭两侧各有两须,单独或成小群生活于平静且水草丛生的池塘、湖泊、河流中。其在水域不大的地方有洄游的习性。

图 4-1-2

图 4-1-3

四、淡水鱼的初加工过程

宰杀:刮鳞→去腮→取内脏→洗涤→整理。

五、淡水鱼的分档取料过程

鱼类从外观构造上可分为头部、身部和尾部。现以净鱼为原料介绍鱼类的分档。

❶ **斩鱼头**　从鱼头下巴的鳍外割断,鱼头可以制汤,也可红烧、清蒸。

❷ **剔鱼身**　和头分离后,再从肚脐处切开。鱼身可以直接改刀烹制,也可从脊背部下刀将两侧部分与脊骨分离,然后剔除内腔的刺骨与肚肉(这些统称下脚料,可红烧、炸)。

❸ **尾部的斩剁**　用剪刀修整尾鳍,可红烧,如红烧划水等。

六、淡水鱼的剔骨出肉过程

斩去头→分两片→剁去脊椎骨→剔去胸刺骨→剔去皮→整理。

七、淡水鱼的刀工处理概念

❶ **牡丹花刀**　牡丹花刀(翻刀形花刀)的刀纹是运用斜刀(或直刀)推剞、平刀片(批)等方法混合加工制成的。因为这种方法加工出来的每一片料形都像牡丹花的花瓣,故而取名"牡丹花刀"。适用原料有平鱼、鲤鱼、鳜鱼等。

❷ **松鼠鱼花刀**　松鼠鱼花刀是运用斜刀拉剞、直刀剞等方法加工而成的。这种花刀经过拍粉、油炸等加工过程,在加热时鱼皮受热收缩卷曲,再加上鱼肉受热变形而形成造型独特的松鼠尾巴的形状。适用原料为鲤鱼、鳜鱼、黑鱼等。

❸ **菊花花刀**　菊花花刀是运用直刀推剞的方法加工而成的。如果原料的厚度比较薄,也可以使用斜刀和直刀混合剞的方法加工而成。适用原料为鳜鱼、鸡胗、猪里脊等。

❹ **柳叶花刀**　柳叶花刀的刀纹是运用斜刀推(或拉)剞的方法加工制成的,外形像柳叶脉络。成型规格:加工时在原料两面均匀剞上宽窄一致的刀纹(类似叶脉的刀纹)。适用原料:一般适用于 750 g 以下的侧扁形鱼类或肉质较厚的菱形鱼类,如武昌鱼、鲈鱼、鳜鱼等,还可用于制作氽鲫鱼、清蒸鱼等。加工要求:同斜一字花刀一样,加工时主要在鱼的背部肉厚处剞刀,要注意剞刀刀纹的方向,保持刀距、刀纹深浅均匀一致。

 Note

行 业 术 语

扩鱼,为了便于受热均匀和美观,把经过初步加工的鱼,剁去胸鳍、脊鳍的 1/3,尾鳍的里边修裁整齐。

【成品标准】

一、初加工成品质量标准

草鱼初加工完成,鱼鳞应去除干净,内腔去尽黑膜,分档时鱼肉完整,鱼骨不带多余肉,干净卫生(图 4-1-4)。

图 4-1-4

二、细加工成品质量标准

细加工成品质量标准如图 4-1-5 所示。

松鼠鱼花刀(刀距一致、刀纹的深浅及斜刀的角度一致,不破皮)

菊花花刀(刀距一致、深浅一致,不破皮)

草鱼片(厚0.4 cm、宽3.5 cm)

蝴蝶片(厚0.2 cm、宽5 cm)

图 4-1-5

牡丹花刀(刀距一致，下刀深浅一致)

柳叶花刀(刀距一致，下刀深浅一致)

续图 4-1-5

【加工过程】

一、制作准备

①**工具准备**　菜墩、片刀、料筐、方盘、码斗、保鲜膜。

②**原料准备**　草鱼 2000 g、鳜鱼 1500 g、鲈鱼 750 g、鲤鱼 2000 g。

二、草鱼的加工与处理

①**草鱼的初加工方法**　如图 4-1-6 所示。

视频：草鱼去鳞

步骤一：用刀剔除鱼鳞。

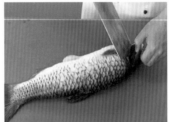
步骤二：用刀尖去掉鱼鳃。

步骤三：用刀将鱼腹部剖开并去除内脏。

步骤四：清洗草鱼内膛。

步骤五：用刀切去鱼头。

步骤六：切下草鱼脊骨

步骤七：用刀剔除腹刺。

图 4-1-6

Note

❷ **草鱼切片**　如图 4-1-7 所示。

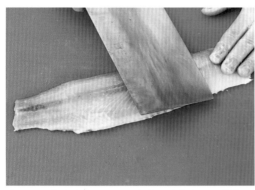 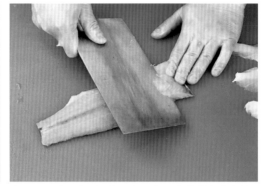

步骤一：草鱼平放于墩面，左手扶稳草鱼，右手持刀。步骤二：利用斜刀拉片方法刀斜45°角将草鱼片成片。

图 4-1-7

❸ **草鱼切蝴蝶片**　如图 4-1-8 所示。

技术要点：切鱼片时刀角度为斜 45°角，鱼片薄厚要一致，不能断开。

步骤一：草鱼平放于墩面，左手扶稳草鱼，右手持刀，刀斜45°角斜片出片，不要切断。步骤二：利用斜刀拉片方法刀斜45°角将草鱼片成片，第二刀切断。📺

图 4-1-8

视频：草鱼切
蝴蝶片

❹ **菊花花刀**　如图 4-1-9 所示。

  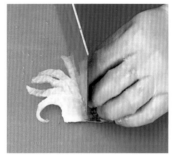

步骤一：将草鱼平放于墩面，左手按住原料，右手持刀，刀斜45°角用斜刀拉片方法将鱼肉片成片。步骤二：鱼片厚度约0.3 cm，片至鱼皮先不要切断，切5片再断开。步骤三：将切好的鱼肉放在墩面，利用直刀切将鱼片切成丝，刀距0.3 cm，直至切完，后放入清水中浸泡。📺

图 4-1-9

视频：草鱼切
菊花花刀

Note

技术要点:刀距的大小、刀纹的深浅以及斜刀的角度都要均匀一致,原料以净重在 2000 g 以上的为宜。

三、鳜鱼的加工与处理

❶ 鳜鱼的初加工方法　如图 4-1-10 所示。

步骤一:去除鱼鳞。

步骤二:将鳜鱼开膛。

步骤三:去除鳜鱼内脏。

步骤四:去除鳜鱼腮部。

步骤五:将鳜鱼清洗干净。

步骤六:鳜鱼初加工成品。

图 4-1-10

❷ 松鼠鱼花刀　如图 4-1-11 所示。

技术要点:刀距的大小、刀纹的深浅以及斜刀的角度都要均匀一致,原料应以净重约为 1500 g 的为宜。

Note

步骤一：先将鱼头去掉。

步骤二：沿脊骨用刀平片至尾部（不能断开）。

步骤三：斩去脊骨并片去胸刺。

步骤四：在两扇鱼片的肉面剞上直刀纹，刀距0.4～0.6 cm。

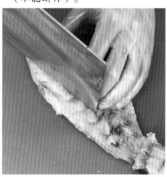
步骤五：将鱼肉旋转一个角度，再斜剞上平行的刀纹，刀距0.4～0.6 cm。直刀纹和斜刀纹均剞到鱼皮（但不能剞破鱼皮）。

步骤六：用鱼头做出松鼠鱼造型。🖥

视频：鳜鱼松鼠鱼花刀成型

图 4-1-11

四、鲤鱼的加工与处理

① **鲤鱼的初加工方法**　　如图 4-1-12 所示。

步骤一：鲤鱼去鳞，开膛。

步骤二：去鱼鳃。

步骤三：去内脏。

步骤四：去除腥线。🖥

图 4-1-12

Note

❷ **牡丹花刀**　如图 4-1-13 所示。

步骤一：加工时将原料两面都均匀地剞上深至鱼骨的刀纹。

步骤二：用刀平片进原料，深2～2.5cm。

步骤三：将鱼片打十字花刀。

步骤四：如此反复将两面切完。

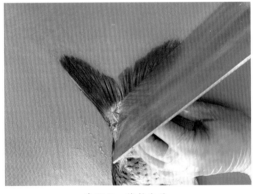

步骤五：修整鱼尾。

步骤六：牡丹花刀成品。

图 4-1-13

视频：鲤鱼切牡丹花刀

视频：鲤鱼去骨取肉

五、鲈鱼的加工与处理

❶ **鲈鱼的初加工方法**　如图 4-1-14 所示。

❷ **柳叶花刀**　如图 4-1-15 所示。

❸ **清蒸鱼花刀**　如图 4-1-16 所示。

六、原料切制成型后的保鲜知识

将加工好的鱼类原料分别封保鲜膜后放入保鲜盒内，外标加工原料名称、加工日期、重量和加工厨师姓名，入保鲜柜保鲜（温度控制在 1～4 ℃）。

Note

步骤一：将鲈鱼鱼鳞去除。

步骤二：将鲈鱼开膛。

步骤三：去除内脏。

步骤四：去除鱼鳃。

步骤五：去除鱼鳍。

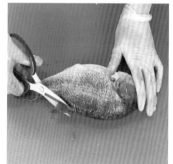

步骤六：去除鱼鳍后，初加工完成。

图 4-1-14

步骤一：用刀将鱼肉划开，深度为0.8 cm。

步骤二：在鲈鱼右侧划出斜刀纹。

步骤三：在鲈鱼左侧划出斜刀纹。

步骤四：柳叶花刀成品。

图 4-1-15

Note

步骤一：用刀沿着脊骨上面划开。

步骤二：沿脊骨将另一侧划开，深度为1.5 cm。

步骤三：将鱼肉斜刀划开，深度为2 cm。

步骤四：清蒸鱼花刀加工完成。

图 4-1-16

【评价检测】

一、初加工评价标准

原料名称	评价标准	配分
草鱼(2000 g) 鳜鱼(1500 g) 鲈鱼(750 g) 鲤鱼(2000 g)	草鱼、鳜鱼、鲈鱼、鲤鱼初加工完成,清洗后表面光洁,无损伤	40
	分档合理	15
	40 min 内加工完成	25
	操作过程符合水台卫生标准	20

二、细加工评价标准

原料名称	评价标准	配分
草鱼(2000 g) 鳜鱼(1500 g) 鲈鱼(750 g) 鲤鱼(2000 g)	松鼠鱼花刀:刀距一致、刀纹的深浅以及斜刀的角度一致,不破皮	20
	草鱼片:厚 0.4 cm、宽 3.5 cm	10
	蝴蝶片:厚 0.2 cm、宽 5 cm	10
	菊花花刀:刀距一致,下刀深浅一致,不破皮	20
	牡丹花刀:刀距一致,下刀深浅一致	15
	柳叶花刀:刀距一致,下刀深浅一致	15
	操作过程符合砧板卫生标准	10

任务拓展

视频:草鱼细
加工十字花
刀

知识链接

Note

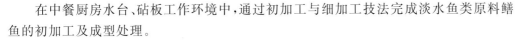

任务二

鳝鱼的加工与处理

扫码看课件

【任务描述】

在中餐厨房水台、砧板工作环境中,通过初加工与细加工技法完成淡水鱼类原料鳝鱼的初加工及成型处理。

【学习目标】

(1) 学会对淡水鱼类原料鳝鱼进行品质鉴别。

(2) 能够运用剔、斩、剁、片对鳝鱼进行初加工。

(3) 能够运用直刀法直刀剞对鳝鱼进行切段加工,能够运用直刀法推拉切对鳝鱼进行切段和切丝的细加工。

(4) 能够对鳝鱼进行合理保鲜。

【知识技能准备】

❶ **鳝鱼的原料知识及特点** 鳝鱼(图 4-2-1),又名黄鳝,属圆体鱼类,分布于亚洲东南部,中国除西部高原地区外,全国各水域均产此鱼,尤其是湖北洪湖一带,有黄鳝之乡的美誉。鳝鱼体细长呈蛇形,体前圆后部侧扁,尾尖细,头长而圆。口大,端位,上颌稍突出,唇颇发达。上下颌及口盖骨上都有细齿。眼小,为一薄皮所覆盖。鳃膜连于鳃峡,左右鳃孔于腹面合而为

图 4-2-1

一,呈"V"字形。一些种类的鳃很小,依靠通过喉部或肠黏膜吸入的氧进行呼吸。体表一般有润滑液体,方便逃逸,无鳞。无胸鳍和腹鳍;背鳍和臀鳍退化仅留皮褶,无软刺,都与尾鳍相连。鳝鱼大多呈黄褐色、微黄色或橙黄色,有深灰色斑点。

❷ **鳝鱼的初加工技法** 鳝鱼、鲇鱼、鳗鱼、泥鳅等无鳞鱼的体表有发达的黏液腺,这些黏液有较重的泥腥味,而且黏滑不利于加工和烹调。鳝鱼的初加工首先要去除体表的黏液。去除无磷鱼体表黏液的方法主要有以下几种。

(1) 揉搓法:在鳝鱼表皮加入盐、醋反复揉搓,待黏液出泡沫后用水冲洗,再用干抹布擦干。

(2) 熟烫法:将鳝鱼表皮用 75~85 ℃热水浸烫、冲洗 1 min,再用干抹布擦干。

❸ **鳝鱼的刀工处理概念**

(1) 直刀法直刀剞:直刀剞与直刀切相似,只是刀在运行时不要完全将原料断开。根据原料成型的规格要求,刀运行到一定深度时即要停刀,在原料上切成直线刀纹。

Note

（2）直刀法推拉切：推拉切是一种推刀切与拉刀切连贯起来的刀法。操作时，刀先向前推切，接着向后拉切。采用前推后拉结合的方法迅速将原料断开。这种刀法效率较高，主要用于将原料加工成丝、片的形状。

❹ 选购鳝鱼的注意事项

（1）优质的鳝鱼从外表来看，体表呈黄褐色，表皮无破裂，手感光滑有黏液。鳝鱼鱼体硬朗，大小均匀，肉质有弹性，闻起来有鳝鱼独特的腥味。品质不好的鳝鱼，体表呈灰白色，表皮有破裂，有伤痕，肉质粗糙，血水鲜红，血块散开不凝结，闻起来有臭味等异常气味。此外，尽量购买较小较细的鳝鱼，一般比较可靠，食用比较安全。

（2）在购买鳝鱼时要仔细观察，最好购买活的鳝鱼，对于其中夹杂的死鳝或一些体表凹凸不平的鳝鱼，或鱼体发硬、没有弹性的鳝鱼都要剔除，以免误食中毒。过粗的鳝鱼也尽量不要购买，大多是用化学药剂催助长大的。

【成品标准】

一、初加工成品质量标准

初加工成品质量标准如图 4-2-2 所示。

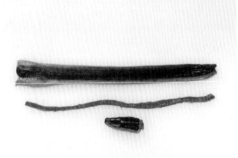

鳝鱼去骨(外皮无破损，骨不带肉)　　　鳝鱼初加工完成(去骨整齐利落，表面光洁，形态规整，无多余刀痕或损伤)

图 4-2-2

二、细加工成品质量标准

细加工成品质量标准如图 4-2-3 所示。

鳝鱼丝(长7 cm、粗0.3 cm)　　　　　　鳝鱼段(长6 cm，宽3.5 cm)

图 4-2-3

Note

【加工过程】

一、制作准备

❶ **工具准备**　菜墩、鱼钉（用来固定鱼身）、小剔鱼刀、片刀、料筐、方盘、保鲜膜。

❷ **原料准备**　鳝鱼 2000 g。

二、鳝鱼的初加工过程

鳝鱼宰杀去骨取肉（图 4-2-4）。

技术要点：鳝鱼初加工时注意鳝鱼脊骨为三角形，要沿脊骨形状去骨出肉，避免浪费。

步骤一：将鳝鱼固定在菜墩上。

步骤二：右手执小刀，将刀尖头部刺入腹部，并向尾部割划，剖开腹部。

步骤三：去除鳝鱼内脏。

步骤四：小刀斜45°角，划开鳝鱼三角形脊骨的两侧。

步骤五：去除鳝鱼脊骨。

步骤六：鳝鱼去骨取肉成品。

视频：鳝鱼去骨

图 4-2-4

三、鳝鱼的细加工过程

❶ **鳝鱼切丝**　如图 4-2-5 所示。

技术要点：首先要求掌握推刀切和拉刀切各自的刀法，再将两种刀法连贯起来。操作时，用力要充分，动作要连贯。

❷ **鳝鱼切段**　如图 4-2-6 所示。

❸ **原料切制成型后的保鲜知识**　将加工好的鳝鱼丝和鳝鱼段分别放入保鲜盒内，外标加工原料名称、加工日期、重量和加工厨师姓名，入保鲜柜保鲜（温度控制在 1～4 ℃）。

Note

步骤一：左手扶稳原料，右手持刀。　　步骤二：用直刀法推拉切丝，丝长7 cm、粗0.3 cm。□

图 4-2-5

步骤一：左手扶稳原料，右手持刀。　　步骤二：用直刀法将鳝鱼切成6 cm的段。

图 4-2-6

【评价检测】

一、初加工评价标准

原料名称	评价标准	配分
鳝鱼	鳝鱼初加工完成,清洗后表面光洁,无损伤	30
	去骨干净,无破损	30
	40 min 内加工完成	20
	操作过程符合水台卫生标准	20

二、细加工评价标准

原料名称	评价标准	配分
鳝鱼(2000 g)	鳝鱼丝:长 7 cm、粗 0.3 cm	30
	鳝鱼段:长 6 cm、宽 3.5 cm	30
	马鞍桥:长 4 cm、宽 4 cm	30
	操作过程符合砧板卫生标准	10

任务三

鱿鱼的加工与处理

扫码看课件

【任务描述】

在中餐厨房水台、砧板工作环境中，通过运用初加工与细加工的技法完成水产类头足软体类原料鱿鱼的分档取料及刀工成型处理。

【学习目标】

(1) 学会对水产类头足软体类原料鱿鱼进行品质鉴别。

(2) 能够运用剔、撕、刮等技法对鱿鱼进行初加工。

(3) 能够运用麦穗花刀、荔枝花刀对鱿鱼进行细加工。

(4) 能够对鱿鱼进行合理保鲜。

【知识技能准备】

❶ 鱿鱼的原料知识及特点 鱿鱼（图4-3-1），也称柔鱼、枪乌贼，属头足软体类动物。鱿鱼常活动于浅海中上层。鱿鱼体呈圆锥形，体色苍白，有淡褐色斑，头大，前方生有触足10条，尾端的肉鳍呈三角形。目前市场上的鱿鱼主要有两种：一种是躯干部较肥大的鱿鱼，叫"枪乌贼"；另一种是躯干部细长的鱿鱼，叫"柔鱼"，小的柔鱼俗称"小管仔"。

图 4-3-1

❷ 鱿鱼的初加工技法

(1) 剔：左手握紧鱼背，鱼头向前，鱼腹腔突起，右手持刀（刀刃向上），刀尖自突起的腹腔内伸入至离鱼尾末端1～2 cm处，刀向上端一挑，胴体自腹部中线被剖开，两边肉片对称美观（剔开时，刀尖部应紧靠胴体腹面，防止尖刀刺破墨囊，影响制品外观），再倒转刀尖，对准颈部喷水漏斗中心向头部和腕中央挑开（深度为头部的2/3），顺便用刀尖将眼球刺破，排出眼液，以利干燥。

(2) 撕去内脏：将剔好的鱿鱼平放于菜墩上，摊开腹部两边肉片，先摘除墨囊，再用手沿尾端向头部方向摘下全部内脏，最后去除软骨。

(3) 刮：刮去鱿鱼表面黑皮，刮除时注意用力要轻，不要伤害鱿鱼肉质。

(4) 洗涤：将去除内脏的鱿鱼置于水中洗涤，清除黏液和其他污物。然后将两片腹肉对合叠起，置于筐中沥水待用。

❸ 鱿鱼的刀工处理概念

(1) 麦穗花刀：麦穗花刀的刀纹是运用直刀推剞和斜刀推剞加工制成的。

Note

（2）荔枝花刀:荔枝花刀的刀纹是运用直刀剞的方法加工而成的,刀纹相交的角度为 45°角左右。

（3）松果花刀:松果花刀的刀纹是运用斜刀推剞而成的,深度约为原料厚度的 4/5,进刀倾斜度为 45°角左右。

④ 鱿鱼的选择方法

（1）判断鱿鱼是否新鲜的方法:按压一下鱿鱼身上的膜,新鲜鱿鱼的膜紧实、有弹性。

（2）识别优质鱿鱼:优质鱿鱼体形完整坚实,呈粉红色,有光泽,体表面略现白霜,肉肥厚,半透明,背部不红;劣质鱿鱼体形瘦小残缺,颜色赤黄略带黑色,无光泽,表面白霜过厚,背部呈黑红色。

【成品标准】

一、初加工成品质量标准

鱿鱼初加工完成后,表面黑皮应去除干净,清洗后表面光洁,鱿鱼头、鱿鱼身分档清晰,形态规整无破损,干净卫生(图 4-3-2)。

图 4-3-2

二、细加工成品质量标准

细加工成品质量标准如图 4-3-3 所示。

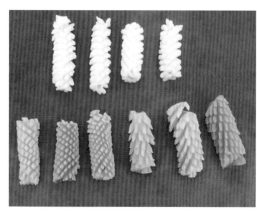

新鲜鱿鱼（上）与水发鱿鱼（下）

油爆鱿鱼卷

图 4-3-3

Note

【加工过程】

一、制作准备

① **工具准备**　菜墩、片刀、料筐、方盘、码斗、保鲜膜。

② **原料准备**　鱿鱼 2000 g。

二、鱿鱼的初加工过程

鱿鱼的初加工过程如图 4-3-4 所示。

步骤一：从上部剖开鱿鱼。

步骤二：取下鱿鱼头。

步骤三：轻轻取出内脏，用清水漂洗鱿鱼。

步骤四：将鱿鱼的软骨取出，将鱿鱼内部表面擦干净。

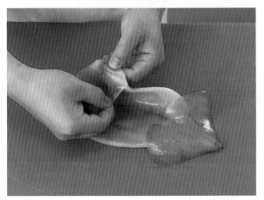

步骤五：将鱿鱼翻过来，将鱿鱼表面的黑皮去掉，用清水漂洗。

步骤六：取出鱿鱼的眼睛和牙齿。

图 4-3-4

步骤七：用百洁布把鱿鱼须表面黑膜刷刮掉。   步骤八：用清水漂洗鱿鱼头。

视频:鱿鱼初
加工

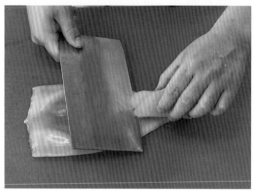

步骤九：用刀切下鱿鱼尾部。   步骤十：鱿鱼初加工完成。💻

续图 4-3-4

三、鱿鱼的细加工过程

❶ **鱿鱼麦穗花刀**   如图 4-3-5 所示。

技术要点：刀距的大小、刀纹的深浅、斜刀角度都要均匀一致；麦穗剞刀的倾斜角度越小，则麦穗越长；麦穗剞刀倾斜角度的大小应视原料的厚薄做灵活调整。

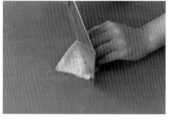
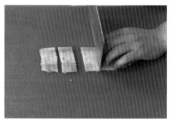

步骤一：右手持刀，左手扶稳原料。加工时先用斜刀推剞，倾斜角度约为45°，刀纹深度是原料厚度的五分之三。   步骤二：将原料转动一个角度，采用直刀推剞，直刀剞与斜刀剞相交，角度以70°~80°为宜，深度是原料厚度的五分之四。   步骤三：将原料改刀切成长4 cm、宽2 cm的长方块。

图 4-3-5

❷ **鱿鱼荔枝花刀**   如图 4-3-6 所示。

技术要点：刀与墩面垂直，要保持刀距的大小、刀纹的深浅、分块的形状和大小均匀一致。

Note

步骤一：左手扶稳原料，右手持刀，刀与墩面垂直，运用直刀剞的方法在原料上进行剞刀，深度约为原料厚度的五分之四。 步骤二：将原料转动一个角度，用直刀剞的方法，剞出与第一次刀纹成45°角相交的花纹。 步骤三：将剞好的鱿鱼改刀切成边长约为3 cm的等边三角形块。

图 4-3-6

❸ **原料切制成型后的保鲜知识** 将加工好的鱿鱼分别放入保鲜盒内，外标加工原料名称、加工日期、重量和加工厨师姓名，入保鲜柜保鲜（温度控制在1~4 ℃）。

【评价检测】

一、初加工评价标准

原料名称	评价标准	配分
鱿鱼（2500 g）	鱿鱼初加工完成后，表面光洁，无破损	30
	分档合理	30
	10 min 内加工完成	20
	操作过程符合水台卫生标准	20

二、细加工评价标准

原料名称	评价标准	配分
鱿鱼（2000 g）	麦穗花刀应为长 4 cm、宽 2 cm	30
	荔枝花刀应为边长 3 cm 的等边三角形块	30
	25 min 内加工完成	20
	操作过程符合砧板卫生标准	20

任务拓展

视频：鱿鱼松果花刀

知识链接

Note

任务四

海螺的加工与处理

扫码看课件

【任务描述】

　　在中餐厨房水台、砧板工作环境中,通过初加工与细加工技法完成水产软体类原料海螺的初加工及成型处理。

【学习目标】

　　(1)能够对水产软体类原料海螺进行品质鉴别。

　　(2)能够运用拍、剔对海螺进行初加工。

　　(3)能够运用平刀法平刀推片下片对海螺进行细加工。

　　(4)能够对海螺进行合理保鲜。

【知识技能准备】

　　1 海螺的原料知识及特点　　海螺(图4-4-1)属软体动物腹足类,种类繁多,常见的主要有唐冠螺和法螺,其中唐冠螺为大型海螺。海螺壳边缘轮廓略呈四方形,大而坚厚,壳高达10 cm左右,螺层6级,壳口内为杏红色,有珍珠光泽。因品种差异,海螺肉可呈白色至黄色不等。海螺主要产于浅海海底,遍布世界各地,主要集中在太平洋、印度洋等海域,在中国主要以山东、辽宁、河北等地居多。

图 4-4-1

　　2 海螺的初加工概念

　　(1)拍:将海螺壳用刀拍碎。

　　(2)剔:剔出海螺肉,掐去螺腔,揭去螺头上的硬质腔盖,抠去螺黄。

　　(3)搓:在海螺肉中加入适量盐和白醋,反复搓洗,去除黏液和异味。搓洗时要轻轻揉搓,避免将海螺肉搓碎。

　　(4)洗:用清水反复冲洗干净即可。

　　3 海螺的细加工概念　　海螺的细加工主要运用平刀法平刀推片下片法。

　　平刀法是指刀与墩面平行,呈水平运动的刀工技法。此刀法用于加工有骨且富有弹性、强韧性的原料,柔软的原料,或经煮熟后柔软的原料,是一种较为精细的刀法。这种刀法可分为平刀直片、平刀推片、平刀拉片、平刀抖片、平刀滚料片等。

　　平刀法平刀推片下片法,即在原料的下边起刀,左手扶稳原料,右手将刀端平,根据目测厚度或根据经验,将刀锋推进原料,再行平刀推片,将原料一层层地片开。其适用原料主要有猪肉、鸡胸肉、鲍鱼肉、海螺肉等。

Note

❹ 海螺的选购方法与品质鉴别

（1）触须或螺肉露在外面的海螺，用手轻轻触动时能自动缩回去，说明是活的海螺。

（2）缩在壳里的海螺，要闻闻它的味道，如果没有异味则说明海螺是新鲜的，可以食用。

【成品标准】

一、初加工成品质量标准

海螺初加工完成后，海螺肉表面黑皮应去除，内脏去除干净，清洗后主体完整，表面光洁卫生无破损（图 4-4-2）。

二、细加工成品质量标准

对海螺进行细加工，细加工后的海螺为海螺片（图 4-4-3）。

图 4-4-2

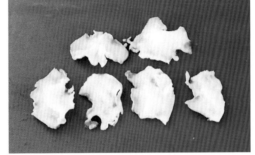

图 4-4-3

【加工过程】

一、制作准备

❶ **工具准备**　菜墩、砍刀、片刀、料筐、方盘、保鲜膜。

❷ **原料准备**　海螺 2000 g。

二、海螺的初加工过程

海螺的初加工过程如图 4-4-4 所示。

步骤一：用砍刀将海螺壳拍碎。

步骤二：将海螺肉取出。

图 4-4-4

Note

步骤三：去除海螺肉内胆囊，包括胃和肝。

步骤四：去掉海螺足趾。

步骤五：加入白醋和淀粉反复搓洗（重复一次）。

步骤六：用清水反复漂洗即可。

续图 4-4-4

三、海螺的细加工过程

① 海螺细加工成片　如图 4-4-5 所示。

步骤一：将初加工完成后的海螺进行修整，将海螺触角及外套缘切下。

步骤二：将海螺肉从中间切开。

步骤三：将刀端平，放于海螺肉的下端。用刀刃的前部对准海螺肉被片的位置，并根据目测厚度将刀锋插入海螺肉内部。用力推片，使海螺肉移至刀刃的中后部位，片开海螺肉。🖥

图 4-4-5

视频：海螺下
片出片

 Note

技术要点：在推片过程中一定要将海螺肉按稳，防止滑动，刀锋片进海螺肉之后，左手施加一定的向下压力，将海螺肉按实，便于行刀，也便于提高片的质量。刀在运行时用力要充分，尽可能将海螺肉一刀片开，如果一刀未断开，可连续推片直至海螺肉完全片开为止。

❷ **原料切制成型后的保鲜知识**　将加工好的海螺片放入保鲜盒内，外标加工原料名称、加工日期、重量和加工厨师姓名，入保鲜柜保鲜（温度控制在 1～4 ℃）。

【评价检测】

一、初加工评价标准

原料名称	评价标准	配分
海螺（2000 g）	海螺初加工完成，清洗后表面光洁，无破损	30
	分档合理	30
	25 min 内加工完成	20
	操作过程符合水台卫生标准	20

二、细加工评价标准

原料名称	评价标准	配分
海螺肉（500 g）	海螺片宽 4 cm、长 4 cm、厚 0.2 cm	50
	25 min 内加工完成	30
	操作过程符合砧板卫生标准	20

任务拓展

视频：带子的
加工与处理

视频：鲍鱼
去壳

视频：鲍鱼剞
花刀

知识链接

Note

任务五

白虾的加工与处理

扫码看课件

【任务描述】

在中餐厨房水台、砧板工作环境中,通过初加工与细加工的技法完成水产甲壳类原料白虾的分档取料及刀工成型处理。

【学习目标】

(1) 能够对水产甲壳类原料白虾进行品质鉴别。

(2) 能够运用剥、挑对白虾进行初加工。

(3) 能够运用平刀法平刀拉片(批)、直刀法推切对白虾进行细加工。

(4) 能够对白虾进行合理保鲜。

【知识技能准备】

❶ **白虾的原料知识及特点**　白虾(图 4-5-1)是十足目长臂虾科白虾属甲壳动物的统称。因甲壳较薄、色素细胞少,白虾平时身体透明,死后肌肉呈白色,故名白虾。白虾是生活在温带、热带近海和淡水中的虾类,大多具有较高的经济价值。

图 4-5-1

❷ **白虾的初加工概念**

(1) 较大的虾,可采用剥壳方法,以保持肉形完整。

(2) 较小的虾,可采用挤捏法,用手捏住虾的头部和尾部,将虾肉向背颈部一挤,虾肉即脱壳而出。

(3) 注意要剔除虾肉背上的沙线,否则腥味难以去除。

❸ **白虾的细加工概念**　白虾的细加工主要运用平刀法平刀拉片(批)、直刀法推切等技法。

平刀法平刀拉片(批)操作时要求刀膛与墩面或原料平行,刀从后向前运行,一层一层将原料片(批)开。应用此刀法主要是将原料加工成片的形状,在片的基础上,再运用其他刀法可加工出丝、条、丁、粒、末等形状。其适用原料主要有鸡肉、鱼肉、鸭肉、猪肉、虾肉等。

❹ **白虾的鉴别与选购方法**　新鲜的白虾,壳与肌肉之间黏合得很紧密,用手剥取虾肉时,需要稍用一些力气才能剥掉虾壳。新鲜白虾的虾肠与虾肉也黏合得较紧密,但冷藏白虾的肠与肉黏合得不太紧密,如虾肠与虾肉出现松离现象,则表示白虾不新鲜。

Note

选购活虾时,如果虾不时产生气泡,也是新鲜的表现。虾壳硬、色青光亮、眼突、肉结实、味腥者为优,壳软、色灰浊、眼凹、壳肉分离者为次,色黄发暗、头脚脱落、肉松散者伪劣。

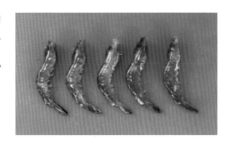

图 4-5-2

【成品标准】

一、初加工成品质量标准

白虾初加工完成后,虾足、沙线、虾枪应去除,清洗后表面光洁卫生,整体无破损(图 4-5-2)。

二、细加工成品质量标准

细加工成品质量标准如图 4-5-3 所示。

鲜虾仁

熟制虾仁（龙井虾仁）

图 4-5-3

【加工过程】

一、制作准备

❶ 工具准备　菜墩、片刀、码斗、料筐、方盘、保鲜膜。

❷ 原料准备　白虾 2000 g。

二、白虾的初加工过程

白虾的初加工过程如图 4-5-4 所示。

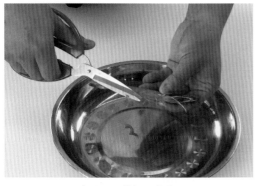
步骤一：将虾足去掉。

步骤二：用剪刀剪去虾腔。

图 4-5-4

Note

步骤三：挑去白虾沙包。　　　　　　　　　　　　　步骤四：去除白虾沙线。

续图 4-5-4

三、白虾的细加工过程

❶ 片虾球　如图 4-5-5 所示。

技术要点：由于虾是弯曲的，所以片切时应该注意刀随着虾的走向来片切。在拉片过程中一定要将虾肉按稳，防止滑动，刀锋片进虾肉之后，左手施加一定的向下压力，将虾肉按实，便于行刀。刀在运行时用力要充分，尽可能将虾肉一刀片开，但不能片断。

步骤一：用刀对准虾肉背部二分之一处下刀。　　　　步骤二：片虾球深度为虾宽度的二分之一。

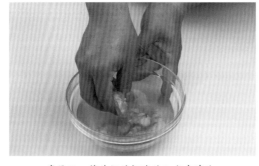

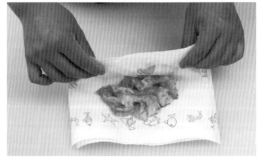

步骤三：将片好的虾球放入水中清洗。　　　　　　　步骤四：将虾球放入干毛巾里吸干水分。🖥

视频：虾仁片
虾球

图 4-5-5

❷ 切虾肉粒　如图 4-5-6 所示。

❸ 原料切制成型后的保鲜知识　将加工好的虾球、虾肉粒分别放入保鲜盒内，外标加工原料名称、加工日期、重量和加工厨师姓名，入保鲜柜保鲜（温度控制在 1～4 ℃）。

Note

视频:虾仁切丁

步骤一：将虾肉平放于墩面，左手扶稳原料用直刀法推切将虾肉切成粒。　　步骤二：将剩余原料用直刀法推切全部切完。

图 4-5-6

【评价检测】

一、初加工评价标准

原料名称	评价标准	配分
白虾(2000 g)	白虾初加工完成,清洗后表面光洁,肉无破损,干净卫生	30
	虾足、沙线、虾枪去除	30
	25 min 内加工完成	20
	操作过程符合水台卫生标准	20

二、细加工评价标准

原料名称	评价标准	配分
白虾(1500 g)	虾肉粒为 0.6 cm 见方的丁	30
	虾球片至虾肉背部 1/2 处,深度为虾宽度的 1/2	35
	35 min 内加工完成	20
	操作过程符合砧板卫生标准	15

任务拓展

视频:龙虾初加工

知识链接

任务六

河蟹的加工与处理

扫码看课件

【任务描述】

在中餐厨房水台、砧板工作环境中,通过运用初加工与细加工的技法完成水产甲壳类原料河蟹的分档取料及刀工成型处理。

【学习目标】

(1) 学会对水产甲壳类原料河蟹进行品质鉴别。

(2) 能够运用刷、起壳等技法对河蟹进行初加工。

(3) 能够运用直刀法拍刀砍(劈)对河蟹进行细加工。

(4) 能够对河蟹进行合理保鲜。

【知识技能准备】

图 4-6-1

❶ **河蟹的原料知识及特点**(图 4-6-1) 河蟹,属甲壳类动物,学名中华绒螯蟹,河蟹也叫螃蟹、毛蟹,属名贵淡水产品,味道鲜美,营养丰富,头部和胸部结合而成的头胸甲呈方圆形,质地坚硬。身体前端长着一对眼,侧面具有两对十分尖锐的蟹齿。河蟹最前端的一对附肢叫螯足,表面长满绒毛,螯足之后有四对步足,侧扁而较长;腹肢已退化。

河蟹是一种大型的甲壳动物,全身分为头胸部和腹部两部分。成蟹背面呈墨色,头胸甲平均长 7 cm、宽 7.5 cm。

河蟹常穴居于江、河、湖沼的泥岸,夜间活动,以鱼、虾和谷物为食,每年秋季常洄游到出海的河口产卵,第二年 3—5 月孵化,发育成幼蟹后,再溯江洄游。其肉质鲜嫩,是深受人们喜爱的一种食品,具有很高的经济价值。

❷ **河蟹初加工步骤** 刷洗外壳—起壳—去鳃—清洗。

❸ **河蟹的刀工处理概念** 河蟹的细加工主要运用拍刀砍(劈)的技法。

拍刀砍(劈)操作时要求右手持刀,并将刀刃压在原料被砍的位置,左手半握拳或伸平,用掌心或掌根向刀背拍击,将原料砍断。其适用原料主要为鸡腿、排骨、鸡爪、猪蹄、河蟹等。

❹ **河蟹的选购方法**

(1) 看蟹壳。凡壳背呈黑绿色,带有亮光,即为肉厚壮实;壳背呈黄色的,大多较瘦弱。

（2）看肚脐。肚脐凸出来的，一般膏肥脂满；凹进去的，大多膘体不足。

（3）看螯足。凡螯足上绒毛丛生，都较健壮；螯足无绒毛，则体软无力。

（4）看活力。将河蟹翻转身来，腹部朝天，能迅速用螯足弹转翻身的，活力强，可保存；不能翻回的，活力差，能存放的时间不长。

（5）看雄雌。农历八月雌蟹最肥，蟹黄足，农历九月雄蟹最香，蟹脂多。但是，吃河蟹的时间比较短，10月和11月是最好的。区分雄雌的方法：肚脐若是三角形则是雄蟹，若为圆形则是雌蟹；雄蟹八条腿上都长有绒毛，而雌蟹只有两只螯有绒毛，其他腿上光滑无毛。

（6）除了以上五条以外，还可以用手捏一捏蟹脚，看其是否饱满。

【成品标准】

一、初加工成品质量标准

河蟹初加工完成后，应起壳完整，去鳃干净，刷洗后表面光洁、形态完整无破损（图4-6-2）。

二、细加工成品质量标准

根据烹调时不同用途，河蟹可加工成块或二分之一切块等形状（图4-6-3）。

图 4-6-2   图 4-6-3

【加工过程】

一、制作准备

❶ **工具准备** 菜墩、片刀、料筐、方盘、码斗、保鲜膜等。

❷ **原料准备** 河蟹 2000 g。

二、河蟹的初加工过程

河蟹的初加工过程如图 4-6-4 所示。

步骤一：刷洗河蟹表面泥沙。   步骤二：去掉河蟹尾部。

图 4-6-4

步骤三：将蟹壳取下。

步骤四：清除内脏、鳃部及杂物。

步骤五：将蟹黄取出。

步骤六：刷洗河蟹内部，初加工完成。

续图 4-6-4

三、河蟹的细加工过程

① **河蟹修整改刀**　如图 4-6-5 所示。

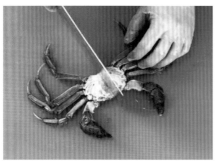
步骤一：右手持刀，并将刀刃压在河蟹被砍的位置。

步骤二：左手半握拳或伸平，用掌心或掌根向刀背拍击，将河蟹砍断。

步骤三：将河蟹均匀地斩成四块，每块带两只蟹腿。

步骤四：用剪刀剪去蟹腿尖。

Note

图 4-6-5

技术要点：右手持刀，刀刃要压稳河蟹，拍刀时要用力，注意安全，防止河蟹夹手。

❷ **原料切制成型后的保鲜知识** 将加工好的河蟹块放入保鲜盒内，外标加工原料名称、加工日期、重量和加工厨师姓名，入保鲜柜保鲜（温度控制在 1～4 ℃）。

【评价检测】

一、初加工评价标准

原料名称	评价标准	配分
河蟹（1500 g）	河蟹初加工完成后，应起壳完整，去鳃干净	30
	刷洗后表面光洁、形态完整无破损	30
	20 min 内加工完成	20
	操作过程符合水台卫生标准	20

二、细加工评价标准

原料名称	评价标准	配分
河蟹（1500 g）	河蟹块为 4 cm 见方的块	60
	20 min 内加工完成	20
	操作过程符合砧板卫生标准	20

任务拓展

视频：梭子蟹
刷洗初加工

视频：梭子蟹
起壳初加工

视频：梭子蟹
分离蟹黄

视频：梭子蟹
剁块

知识链接

任务七

水产类原料的腌制上浆和菜肴组配

扫码看课件

【任务描述】

在中餐厨房水台、砧板工作环境中,依据单品菜肴组配标准,通过运用初加工、细加工的技法完成水产类原料的分档取料及刀工成型处理;运用腌制、上浆、配菜方法完成水产类原料的腌制上浆及菜肴组配。

【学习目标】

(1) 熟悉水产类原料腌制上浆与菜肴组配的操作要求。

(2) 能够完成不同水产类原料的腌制上浆。

(3) 能够完成不同水产类原料的菜肴组配。

(4) 学会对腌制上浆的水产类原料进行品质鉴别。

(5) 能够对腌制上浆的水产类原料及组配完成的菜肴妥善保鲜。

(6) 培养学生食品安全操作及卫生意识。

【知识技能准备】

一、原料上浆工艺

参考第二单元任务五畜肉类原料的上浆工艺。

二、原料上浆原理

参考第二单元任务五畜肉类原料的上浆原理。

【成品标准】

炸烹虾段菜肴组配标准为大虾去头、去沙线,姜葱切长 7 cm、宽 0.2 cm 的丝,蒜切片。

滑溜鱼片菜肴组配标准为鱼片切长 4 cm、宽 4 cm、厚 0.3 cm 的片,黄瓜切 0.2 cm 厚的菱形片,冬笋切 0.2 cm 厚的片,木耳水发,葱姜蒜切末。见图 4-7-1。

【加工过程】

一、制作准备

❶ 工具准备　菜墩、片刀、码斗、方盘、不锈钢盆、保鲜膜。

❷ 原料准备　炸烹虾段、滑溜鱼片所需主料、配料和腌制上浆调料。

二、炸烹虾段的菜肴组配

❶ 原料准备　按照岗位分工准备菜肴炸烹虾段所需原料(图 4-7-2)。

Note

图 4-7-1

菜肴名称	份数	准备主料		准备配料		准备料头		盛器规格
		名称	数量/g	名称	数量/g	名称	数量/g	
炸烹虾段	1	大虾	300	玉米淀粉	60	香葱	15	8寸圆盘
						姜	8	
						蒜	15	

图 4-7-2

❷ 炸烹虾段菜肴组配过程　如图 4-7-3 所示。

步骤一：将虾头去掉。　　　　　　　　　　　步骤二：用剪刀剪去虾足。

图 4-7-3

Note

步骤三：用剪刀剪去尾尖及沙线。

步骤四：姜去皮切成长7 cm、宽0.2 cm的丝。

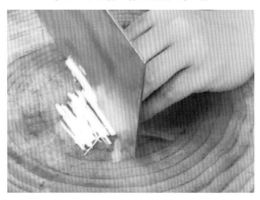

步骤五：葱白去皮切成长7 cm、宽0.2 cm的丝。

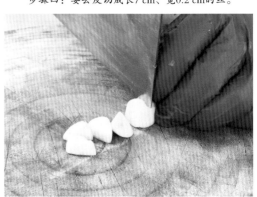

步骤六：蒜切片备用。

步骤七：炸烹虾段菜肴组配完成。

续图 4-7-3

❸ 虾段挂糊原料

热菜挂糊——干粉糊（1 份）

调味品名	数量/g	质量标准
玉米淀粉	60	淀粉裹匀虾段，虾段表面淀粉干松不出水。成品糊经浸炸后，色泽金黄，口感酥脆

Note

三、滑溜鱼片的菜肴组配

❶ **原料准备**　按照岗位分工准备菜肴滑溜鱼片所需原料(图 4-7-4)。

菜肴名称	份数	准备主料		准备配料		准备料头		盛器规格
		名称	数量/g	名称	数量/g	名称	数量/g	
滑溜鱼片	1	净鱼肉	200	鸡蛋	40	大葱	10	8寸圆盘
						姜	10	
						蒜	10	
						水发木耳	40	
						冬笋	50	
						黄瓜	20	

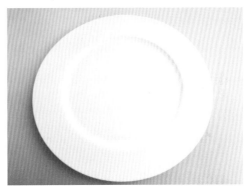

图 4-7-4

❷ **菜肴组配过程**　如图 4-7-5 所示。

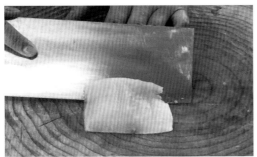

步骤一：草鱼肉去皮。

步骤二：鱼肉用斜刀拉片方法切成厚0.3 cm的片。

步骤三：黄瓜切菱形片。

步骤四：冬笋切片，厚度为0.2 cm。

图 4-7-5

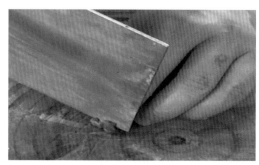

步骤五：水发木耳改刀。　　　　　　　　　步骤六：葱姜蒜切末。

步骤七：滑溜鱼片菜肴组配完成。

续图 4-7-5

四、鱼片腌制上浆过程

❶ **鱼片腌制上浆成品质量要求**　调味适中，浆薄厚适度，颜色洁白，无料汁渗出（图 4-7-6）。

图 4-7-6

❷ **鱼片腌制上浆调料**

调味品名	数量/g
盐	1
胡椒粉	1
鸡粉	2
料酒	10
葱姜水	10
色拉油	20

❸ 上浆——蛋清浆（1份）

调味品名	数量/g
蛋清	40
水淀粉	25

❹ **鱼片的腌制上浆**　如图 4-7-7 所示。

步骤一：漂洗过的鱼片用毛巾蘸干水。

步骤二：鱼片放入马斗中加入盐、鸡粉、胡椒粉、料酒。

步骤三：将鱼片中的调味品抓匀。

步骤四：鱼片中加入蛋清抓拌均匀。

步骤五：鱼片中加入水淀粉抓拌均匀，吃浆上劲。

步骤六：鱼片中加入色拉油以避免风干。

步骤七：腌制上浆后的鱼片。

图 4-7-7

视频：鱼片腌制上浆

❺ **鱼片腌制上浆后的保鲜知识**　鱼片腌制上浆后在 0～4 ℃之间冷藏,取用时间不宜超出 24 h,烹调后其品质基本符合食用时的嫩度和口味要求。

【评价检测】

一、炸烹虾段评价标准

菜肴名称	评价标准	配分
炸烹虾段	上浆颜色、嫩度、薄厚得当	20
	切配规格达到要求	20
	菜肴组配符合标准	20
	下脚料处理得当	20
	20 min 内加工完成	10
	操作过程符合卫生标准	10

二、滑溜鱼片评价标准

菜肴名称	评价标准	配分
滑溜鱼片	上浆颜色、嫩度、薄厚得当	20
	切配规格达到要求	20
	菜肴组配符合标准	20
	下脚料处理得当	20
	20 min 内加工完成	10
	操作过程符合卫生标准	10

任务拓展

知识链接

能力检测

Note

第五单元
宴会菜肴综合实训

一、单元学习内容

本单元的工作任务是在中餐厨房水台、砧板工作环境中以中餐小型风味宴会菜单为载体,通过水台、砧板工作过程掌握的原料加工技术,能够根据菜单重量标准、形状标准、质量标准完成宴会菜肴的加工组配。课程内综合实训是"三级融合"综合实训体系的第一级。它是指基于中餐厨房水台、砧板、炒锅、打荷、上杂、中餐冷菜、中餐面点七个主要工作岗位设计的核心课程,以单一实训项目为基础,依照一定主题,设计若干个由多道菜肴成品、半成品构成的小型综合实训项目。本综合实训项目范围限定于某一具体岗位内,重点突出本岗位各种技法的综合运用。

本书综合技能实训模块由一个综合实训单元构成,包括多个综合实训任务,每个综合实训任务包括六菜一汤,训练学生在规定时间内综合运用水台、砧板原料加工技术完成小型宴会菜单菜肴的加工与组配的能力。通过训练,学生应能较快地适应现代饭店的节奏,适应中餐厨房水台、砧板岗位的工作。通过实训,学生基本达到四级中式烹调师的标准和要求,初步具备质量鉴别、加工、组配、整理、保管中餐菜肴原料及设计、核算小型中餐标准宴席的能力。

本单元主要由多个工作任务组成，以川、鲁、苏、粤、湘、浙、清真、自助等多套菜单中典型技法菜肴为载体，通过完整的工作任务，运用已经掌握的水台、砧板工作岗位上的相关理论知识、专业技能及已积累的工作经验，协调配合完成菜单上菜肴的加工与组配工作任务；系统地对学生在餐饮职业意识、职业习惯及中餐厨房水台与砧板工作岗位间的沟通合作能力，对厨房操作安全、菜品加工质量和厨房卫生意识等方面提出更高的要求；完成中餐菜肴的加工与组配，培养学生的综合职业能力和团队合作精神。

二、单元任务简介

本单元由多个综合实训任务组成，每个任务通过学生小组分工合作，在中餐厨房真实的水台、砧板工作环境中在规定时间内共同完成。

（1）依据小型宴会菜单给定价位、风味、技法的典型技法菜肴，合理进行水台、砧板岗位分工。

（2）依据小型宴会菜单给定的典型技法菜肴，通过小组分工合作，熟知典型技法菜肴的加工与组配过程、技术要点及风味特点，并能较熟练地讲解。

（3）依据小型宴会菜单给定的典型技法菜肴，通过小组合作，用已经掌握的成本核算知识计算出单一菜品成本。

（4）依据小型宴会菜单及计算出的菜品成本，以小组为单位外出采购原料。

（5）依据小型宴会菜单给定的典型技法菜肴，通过小组合作，进行合理的加工工具、盛装器皿的选择和准备。

（6）依据小型宴会菜单给定的典型技法菜肴，合理进行岗位分工，协调配合完成小型宴会菜单中菜肴的加工与组配。

（7）依据小型宴会菜单给定的典型技法菜肴，能够通过小组合作合理完成原料的整理与保管。

（8）实训宴会菜单案例。

序号	实训宴会菜单案例
1	京鲁风味宴会菜单菜肴的加工与组配
2	广东风味宴会菜单菜肴的加工与组配
3	四川风味宴会菜单菜肴的加工与组配

三、单元学习要求

本单元的学习任务是水台、砧板岗位工作实训，要求在与企业中餐厨房生产环境一致的工作环境中完成。学生通过实际训练能够初步适应中餐厨房工作环境；能够按照水台、砧板岗位工作流程熟练完成开档和收档工作；能够按照水台、砧板岗位工作流程运用中餐烹饪原料加工技术和理论知识完成典型技法菜肴原材料的质量鉴别、加工、组配、整理、保管及小型中餐宴席设计、成本核算；能够强化成本意识、岗位意识、合作意识、安全意识和卫生意识。

Note

阶段任务	阶段目标	教学内容	要求
完成小型宴会菜单中菜肴的加工与组配	1. 能线上自主通过学习平台了解菜系、技法、配菜、保管及小型中餐宴席知识，并能较熟练地讲解 2. 能够对单一菜品和小型宴会菜单进行成本核算 3. 能依据小型宴会菜单给定的典型技法菜肴，小组合作，合理进行岗位分工，在规定时间内协调配合完成小型宴会菜单中菜肴的加工与组配 4. 依据小型宴会菜单给定的典型技法菜肴，能够通过小组合作完成原料的整理与保管	1. 规定金额的小型宴会菜单的编制 2. 成本核算 3. 岗位分工 4. 沟通合作 5. 菜肴的加工与组配 6. 原料的整理与保管 7. 评价小结	1. 合理加工与组配菜肴，物尽其用 2. 成果达到评价标准 3. 能够对单一菜品和小型宴会菜单进行成本核算 4. 能线上自主学习 5. 能较熟练地讲解和沟通 6. 能熟练开档、收档 7. 能及时总结反思

四、中餐厨房水台、砧板岗位工作流程

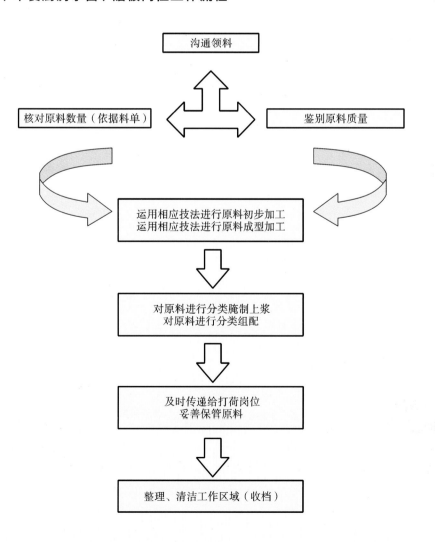

1. 进行开餐前的准备工作(餐饮行业称为开档)

(1) 各岗位所需工具准备齐全。

(2) 原料准备与组配：配合领取并加工备齐制作菜肴所需主料、配料和调料。

2. 按照工作任务进行　将组配好的菜肴传递给打荷岗位。

3. 进行开餐后的收尾工作(餐饮行业称为收档)

(1) 依据小组分工对剩余的主料、配料、调料进行妥善保存；清理卫生，整理工作区域。

(2) 依据小组分工对工作区域的设备、工具进行清洗，所有物品经整理后回归原处，码放整齐。

(3) 厨余垃圾经分类后送到指定垃圾站点。

综合实训体系充分发挥了以工作过程为导向的课程体系基于工作领域的课程设置优势，将生产与教学在不同层次进行深度融合，在综合实训的任务设置、场景构建、组织实施等不同方面实现了实训教学的循序渐进，从而促使学生实现综合职业能力的上升。

任务一

京鲁风味宴会菜单的组配与处理

扫码看课件

【任务描述】

在中餐厨房水台、砧板工作环境中,依据宴会菜单标准,通过运用初加工、细加工的技法完成各类原料的分档取料及刀工成型处理;运用腌制、上浆、配菜方法完成小型京鲁风味宴会菜单中原料的腌制上浆及菜肴组配。

【学习目标】

(1) 了解京鲁风味的特点及一般宴席知识。

(2) 学会对菜肴组配原料进行品质鉴别。

(3) 小组合作完成原料的初加工与细加工。

(4) 小组合作完成原料上浆与菜肴组配。

(5) 小组合作完成宴会原料及剩余原料的合理保管。

(6) 水台与砧板岗位能够熟练沟通、分工得当,工作环节衔接紧密。

【知识技能准备】

❶ **京菜的知识介绍**　京菜又称京帮菜,是以北方菜为基础,兼收各地风味后形成的。北京以其首都的特殊地位,集全国烹饪技术之大成,不断吸收各地饮食精华,吸收了汉满等民族饮食精华的宫廷风味,以及在广东菜基础上兼采各地风味之长形成的谭家菜,也为京菜带来了光彩。京菜中,最具特色的是烤鸭和涮羊肉。烤鸭是北京的名菜,涮羊肉、烤牛肉、烤羊肉原是北方少数民族的吃法,辽墓壁画中就有众人围着火锅吃涮羊肉的画面。涮羊肉所用的配料丰富多样,其味道鲜美,制法家喻户晓。

京菜著名店铺有全聚德、白魁、便宜坊、爆肚冯、东来顺、西来顺、烤肉季、烤肉宛、天兴居、小肠陈、都一处、鸿宾楼等。

❷ **鲁菜的知识介绍**　鲁菜起源于山东的齐鲁风味(现通行地带不仅限于当代的山东省,以大连菜为代表的辽南菜系也属于鲁菜),是中国传统四大菜系(也是八大菜系)中唯一的自发型菜系(相对于淮扬菜、川菜、粤菜等影响型菜系而言),是历史最悠久、技法最丰富、难度最大、最见功力的菜系,是八大菜系之首。2500年前山东的儒家学派奠定了中国饮食注重精细、中和、健康的审美取向;北魏末年《齐民要术》(成书时间为公元533—544年)总结的黄河中下游地区的"蒸、煮、烤、酿、煎、炒、熬、烹、炸、腊、盐、豉、醋、酱、酒、蜜、椒"奠定了中式烹调技法的框架。明清时期大量山东厨师和菜品进入宫廷,使鲁菜雍容华贵、中正大气、平和养生的风格特点进一步得到升华。

Note

　　鲁菜的经典菜品有一品豆腐、葱烧海参、三丝鱼翅、白扒四宝、糖醋黄河鲤鱼、九转大肠、油爆双脆、扒原壳鲍鱼、油焖大虾、醋椒鱼、温炝鳜鱼片、芫爆鱿鱼卷、木樨肉（木须肉）、胶东四大拌、糖醋里脊、红烧大虾、招远蒸丸、枣庄辣子鸡、清蒸加吉鱼、葱椒鱼、糖酱鸡块、油泼豆莛、诗礼银杏、奶汤蒲菜、乌鱼蛋汤、香酥鸡、黄鱼豆腐羹、拔丝山药、蜜汁梨球、砂锅散丹、布袋鸡、芙蓉鸡片等。

【加工过程】

一、制作准备

❶ **工具准备**　码斗、方盘、不锈钢盆、保鲜膜、片刀。

❷ **原料准备**　葱烧蹄筋、炒鸡丝掐菜、博山豆腐箱、芫爆百叶、爆炒腰花、清氽丸子、酸辣汤所需主料、配料和腌制上浆调料。

二、葱烧蹄筋菜肴组配

❶ **成品标准**　葱烧蹄筋菜肴组配标准为蹄筋长 6 cm，葱段长 5 cm，姜片长 5 cm、厚 0.3 cm、宽 2.5 cm，香菜段长 6 cm（图 5-1-1）。

❷ **原料准备**　按照岗位分工准备菜肴葱烧蹄筋所需原料（图 5-1-2）。

图 5-1-1

菜肴名称	份数	准备主料		准备配料		准备料头		盛器规格
		名称	数量/g	名称	数量/g	名称	数量/g	
葱烧蹄筋	1	水发蹄筋	500	章丘大葱段	200	姜	50	9寸圆盘
				香菜	40	蒜	50	

图 5-1-2

❸ **菜肴组配过程**　如图 5-1-3 所示。

三、炒鸡丝掐菜菜肴组配

❶ **成品标准**　炒鸡丝掐菜的菜肴组配标准为鸡丝长 7 cm、宽 0.2 cm，豆芽掐头去尾，葱姜蒜切末（图 5-1-4）。

❷ **原料准备**　按照岗位分工准备菜肴炒鸡丝掐菜所需原料（图 5-1-5）。

Note

步骤一：将蹄筋切段。

步骤二：将大葱切段。

步骤三：老姜去皮切片。

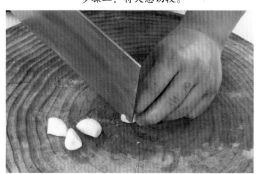

步骤四：蒜去根。

步骤五：香菜切段。

步骤六：菜肴组配完成。

图 5-1-3

图 5-1-4

Note

菜肴名称	份数	准备主料		准备配料		准备料头		盛器规格
		名称	数量/g	名称	数量/g	名称	数量/g	
炒鸡丝掐菜	1	鸡胸肉	250	绿豆芽	150	姜	10	9寸圆盘
						香葱	50	
						蒜	10	

图 5-1-5

③ **菜肴组配过程**　如图 5-1-6 所示。

步骤一：豆芽掐头去尾成掐菜。

步骤二：鸡胸肉利用下片方法出片。

步骤三：将片好的鸡胸肉码放整齐。

步骤四：片好的鸡胸肉利用推拉切出丝。🖥

视频：下片切
鸡丝

图 5-1-6

Note

步骤五：香葱切末。

步骤六：鲜姜切末。

步骤七：大蒜切末。

续图 5-1-6

④ 腌制上浆调料(1 份)

调味品名	数量/g
料酒	8
精盐	2
白糖	1
鸡粉	2
水淀粉	20
蛋清	15
色拉油	40

⑤ 鸡丝的腌制上浆过程(图 5-1-7)

步骤一：碗中放入精盐、鸡粉、白糖、料酒调匀。

步骤二：碗中放入蛋清。

图 5-1-7

Note

步骤三：碗中放入水淀粉。　　步骤四：碗中调料搅拌均匀。

步骤五：放入切好的鸡丝。　　步骤六：用手轻轻抓拌均匀，使鸡丝吃浆上劲。

视频：鸡丝腌制上浆

步骤七：腌制上浆好的鸡丝封色拉油，避免风干。　　步骤八：菜肴组配完成。

续图 5-1-7

四、博山豆腐箱菜肴组配

❶ **成品标准**　博山豆腐箱菜肴组配标准为豆腐切成长 4 cm，宽、厚 2 cm 的块，馅料切成 0.3 cm 见方的丁，葱姜蒜切末（图 5-1-8）。

图 5-1-8

Note

❷ **原料准备**　按照岗位分工准备菜肴博山豆腐箱所需原料(图 5-1-9)。

菜肴名称	份数	准备主料		准备配料		准备料头		盛器规格
		名称	数量/g	名称	数量/g	名称	数量/g	
博山豆腐箱	1	豆腐	500	通脊肉	100	大葱	20	9寸圆盘
				虾仁	50			
				鲜贝	50			
				黄玉参	50	蒜	10	
				火腿	25			
				冬笋	25			
				荸荠	25	姜	10	
				香菇	25			
				油菜	50			

图 5-1-9

❸ **菜肴组配过程**　如图 5-1-10 所示。

步骤一：豆腐从中间切开一分为二。　　步骤二：豆腐再改刀一分为四。

步骤三：冬笋切丁。　　步骤四：香菇切丁。

图 5-1-10

步骤五：荸荠切丁。

步骤六：虾仁切丁。

步骤七：带子（鲜贝）切丁。

步骤八：通脊肉切丁（需上浆）。

步骤九：黄玉参切丁。

步骤十：火腿切末。

步骤十一：油菜改刀修整齐。

步骤十二：葱姜蒜切末。

步骤十三：菜肴组配完成。

续图 5-1-10

Note

五、芫爆百叶菜肴组配

❶ **成品标准** 芫爆百叶菜肴组配标准为牛百叶切为宽 0.5 cm、长 7 cm 的粗丝,姜葱切为粗 0.2 cm 的丝,香菜梗切成长 5 cm 的段,蒜切为指甲片(图 5-1-11)。

图 5-1-11

❷ **原料准备** 按照岗位分工准备菜肴芫爆百叶所需原料(图 5-1-12)。

菜肴名称	份数	准备主料		准备配料		准备料头		盛器规格
		名称	数量/g	名称	数量/g	名称	数量/g	
芫爆百叶	1	牛百叶	250	香菜梗	100	大葱	20	8寸圆盘
						姜	5	
						蒜	8	

图 5-1-12

❸ **菜肴组配过程** 如图 5-1-13 所示。

六、爆炒腰花菜肴组配

❶ **成品标准** 爆炒腰花菜肴组配标准为猪腰切麦穗花刀,切成 1.5 cm 宽的条;荸荠切成 0.3 cm 厚的片,青蒜切菱形段、长 5 cm,红椒切菱形片,木耳泡发洗净改刀成 2 cm 的片,葱姜蒜切指甲片(图 5-1-14)。

❷ **原料准备** 按照岗位分工准备菜肴爆炒腰花所需原料(图 5-1-15)。

Note

步骤一：牛百叶切丝。

步骤二：香菜梗切段。

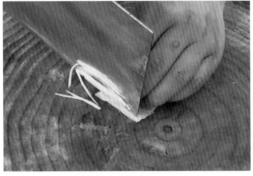
步骤三：鲜姜切丝。

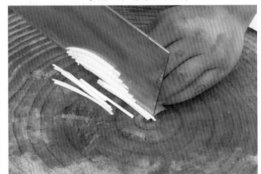
步骤四：葱白切丝。

步骤五：蒜切指甲片。

步骤六：菜肴组配完成。

图 5-1-13

图 5-1-14

Note

菜肴名称	份数	准备主料		准备配料		准备料头		盛器规格
		名称	数量/g	名称	数量/g	名称	数量/g	
爆炒腰花	1	猪腰	250	荸荠	50	大葱	20	8寸圆盘
				青蒜	30	姜	10	
				红椒	30			
				水发木耳	30	蒜	15	

图 5-1-15

❸ **菜肴组配过程**　如图 5-1-16 所示。

步骤一：猪腰平放墩面，刀斜45°角推切至四分之三的位置，刀距0.3 cm，用此方法一直切完。

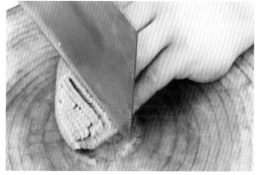

步骤二：斜刀剞完的猪腰旋转角度再用直刀剞，间距0.2 cm，直刀切完。

步骤三：剞好的腰花斜切1.5 cm宽的条。

步骤四：青蒜切段。

图 5-1-16

视频:腰花剞
麦穗花刀

Note

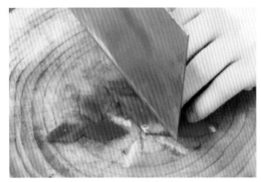
步骤五：红椒切成菱形片。

步骤六：木耳改刀。

步骤七：荸荠切片。

步骤八：蒜切片。

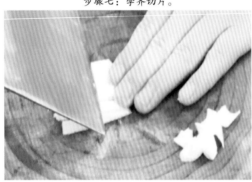
步骤九：大葱切片。

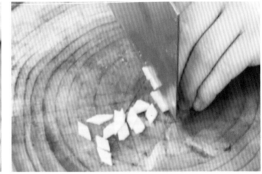
步骤十：鲜姜切片。

步骤十一：菜肴组配完成。

续图 5-1-16

Note

❹ **腌制上浆调料(1 份)**

调味品名	数量/g
料酒	10
精盐	2
酱油	6
鸡粉	2
干淀粉	35
色拉油	50

❺ **腰花腌制上浆过程**　　如图 5-1-17 所示。

步骤一：腰花中加入精盐。

步骤二：腰花中加入鸡粉。

步骤三：腰花中加入干淀粉。

步骤四：腰花中加入料酒。

步骤五：腰花抓拌均匀，使其入味。

步骤六：腰花中加入酱油。

图 5-1-17

Note

步骤七：加入酱油后抓拌均匀。　　　　步骤八：腰花腌制上浆完成。🖵

续图 5-1-17

七、清氽丸子菜肴组配

❶ 成品标准　　清氽丸子菜肴组配标准为猪肉馅口味细腻咸鲜,香葱切末,娃娃菜切 4 cm 宽的片(图 5-1-18)。

图 5-1-18

❷ 原料准备　　按照岗位分工准备菜肴清氽丸子所需原料(图 5-1-19)。

菜肴名称	份数	准备主料		准备配料		准备料头		盛器规格
		名称	数量/g	名称	数量/g	名称	数量/g	
清氽丸子	1	猪肉馅	150	娃娃菜	150	大葱	20	8 寸圆盘
				香葱	15	姜	10	

图 5-1-19

Note

❸ **菜肴组配过程**　如图 5-1-20 所示。

步骤一：大葱切末。

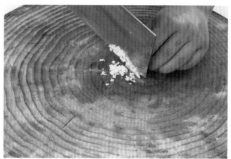
步骤二：鲜姜切末。

步骤三：香葱切末。

步骤四：白菜斜刀拉片切片。

图 5-1-20

❹ **腌制上浆调料(1 份)**

调味品名	数量/g
料酒	10
精盐	5
蛋清	30
胡椒粉	2
鸡粉	1
葱姜末	50
水淀粉	30
香油	3

❺ **猪肉馅调味腌制过程**　如图 5-1-21 所示。

步骤一：肉馅中放入精盐、胡椒粉、鸡粉。

步骤二：肉馅中放入料酒。

图 5-1-21

Note

步骤三：肉馅中放入清水。

步骤四：将肉馅搅拌均匀吃水上劲。

步骤五：肉馅中放入蛋清搅拌均匀。

步骤六：肉馅中放入葱姜末搅拌均匀。

步骤七：肉馅中加入水淀粉。

步骤八：肉馅搅拌均匀。

步骤九：加入香油搅拌均匀。

步骤十：菜肴组配完成。

续图 5-1-21

八、酸辣汤菜肴组配

❶ **成品标准**　酸辣汤菜肴组配标准为嫩豆腐切粗 0.3 cm、长 6 cm 的丝，冬笋切粗 0.2 cm、长 6 cm 的丝，木耳切 0.2 cm 的丝，鱿鱼切粗 0.3 cm、长 7 cm 的丝，鸡胸肉切粗 0.2 cm、长 7 cm 的丝，葱姜切粗 0.1 cm、长 6 cm 的细丝，香菜切末（图 5-1-22）。

Note

图 5-1-22

2 原料准备 按照岗位分工准备菜肴酸辣汤所需原料(图 5-1-23)。

菜肴名称	份数	准备主料		准备配料		准备料头		盛器规格
		名称	数量	名称	数量/g	名称	数量/g	
酸辣汤	1	嫩豆腐	150 g	木耳	50	香菜	25	10寸汤盆
		冬笋	100 g	鱿鱼	50	大葱	20	
		鸡蛋	2个	鸡胸肉	50	姜	10	

图 5-1-23

3 菜肴组配过程 如图 5-1-24 所示。

步骤一：将鱿鱼切丝。

步骤二：将冬笋切丝。

图 5-1-24

Note

步骤三：将鸡胸肉切丝并腌制上浆。

步骤四：将木耳切丝。

步骤五：将鲜姜切细丝。

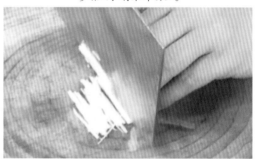

步骤六：将葱白切细丝。

步骤七：将香菜切末。

步骤八：将豆腐切粗丝。

步骤九：菜肴组配完成。

续图 5-1-24

Note

【评价检测】

京鲁风味宴会菜单菜肴组配评价标准

任务名称	评价标准
京鲁风味宴会菜单的组配与处理	符合葱烧蹄筋菜肴组配标准
	符合炒鸡丝掐菜菜肴组配标准
	符合博山豆腐箱菜肴组配标准
	符合芫爆百叶菜肴组配标准
	符合爆炒腰花菜肴组配标准
	符合清氽丸子菜肴组配标准
	符合酸辣汤菜肴组配标准
	下脚料保管得当
	菜肴组配后保管得当
	符合食品安全卫生标准
备注	评价标准可以涵盖小组分工合作、信息搜集、技术运用、工作完整、时间把控、垃圾分类、环保意识等能够体现综合职业能力的要素

任务二

广东风味宴会菜单的组配与处理

扫码看课件

【任务描述】

在中餐厨房水台、砧板工作环境中,依据宴会菜单标准,通过运用初加工、细加工的技法完成各类原料的分档取料及刀工成型处理;运用腌制、上浆、配菜方法完成小型广东风味宴会菜单中原料的腌制上浆及菜肴组配。

【学习目标】

(1)了解广东风味的特点及一般宴席营养搭配知识。

(2)学会对菜肴组配原料进行品质鉴别。

(3)小组合作完成原料的初加工与细加工。

(4)小组合作完成原料上浆与菜肴组配。

(5)小组合作完成宴会原料及剩余原料的合理保管。

(6)水台与砧板岗位能够熟练沟通、分工得当,工作环节衔接紧密。

【知识技能准备】

广东菜即粤菜,是中国传统四大菜系(八大菜系)之一。狭义上的粤菜指广州府菜(广府菜),广义上的粤菜还包含潮州菜(潮汕菜)、东江菜(又称客家菜)。粤菜与法国大餐齐名,由于广东海外华侨数量较多,因此世界各国的中菜馆多以粤菜为主。

广府菜范围包括珠江三角洲和韶关、湛江等地,具有清、鲜、爽、嫩、滑等特色,"五滋""六味"俱佳,擅长小炒,要求火候和油温恰到好处。广府菜还兼容许多西餐做法,讲究菜的气势、档次。广府菜是粤菜的代表,自古有"食在广州,厨出凤城(顺德)""食在广州,味在西关"的美誉,顺德更被联合国教科文组织授予"美食之都"称号。

潮州菜发源于广东潮汕地区,其色、香、味、型并美,也有"食在广州,味在潮州"的说法。潮州菜是粤菜的主干与粤菜的代表,也是享誉中外的一大菜系,更是潮州文化的重要组成部分。潮州菜历史悠久,起源于唐代,发展于宋代,明代又进一步推陈出新,进入鼎盛时期;到了近现代,潮州菜享誉海内外,在中国乃至世界烹饪文化中占据重要的位置。潮州菜最主要的特点就是选料考究、制作精细、清而不腻,在用料、火候、调味和营养配比等方面都具有鲜明的地方特色。潮州菜馆遍布世界各地,"有华人的地方就有潮州菜馆"。

客家菜主要在梅州、惠州、河源、韶关、深圳等地流行,范围包括梅江、东江和北江流域。客家菜可细分为"山系""水系""散客菜"。山系的客家菜分布在梅州等地,而水系

Note

指的就是东江菜。梅州是客家菜之乡，而客家菜以东江菜为代表，菜品多用肉类，极少水产，主料突出，讲究香浓，下油重，味偏咸，以砂锅菜见长，乡土气息浓郁。

【加工过程】

一、制作准备

① **工具准备**　码斗、方盘、不锈钢盆、保鲜膜、片刀。

② **原料准备**　梅菜扣肉、油浸鱼、素烧双冬、荷塘小炒、黑椒牛柳、星洲炒米粉、西湖牛肉羹所需主料、配料和腌制上浆调料。

二、梅菜扣肉菜肴组配

① **成品标准**　梅菜扣肉菜肴组配标准为熟五花肉切长 7 cm、宽 4 cm、厚 0.3 cm 的大片，油菜切开，葱姜蒜切末，梅干菜切末，豆豉切末（图 5-2-1）。

图 5-2-1

② **原料准备**　按照岗位分工准备菜肴梅菜扣肉所需原料（图 5-2-2）。

菜肴名称	份数	准备主料		准备配料		准备料头		盛器规格
		名称	数量/g	名称	数量	名称	数量/g	
梅菜扣肉	1	熟五花肉	400	梅干菜	150 g	姜	20	汤盘
				油菜	3 棵	蒜	50	
				豆豉	15 g	大葱	20	

图 5-2-2

③ **菜肴组配过程**　如图 5-2-3 所示。

三、油浸鱼菜肴组配

① **成品标准**　油浸鱼菜肴组配标准为鲈鱼应去掉鳞、鳃、内脏、鱼鳍，内侧划开深度为 2/3，外部刀深度为 1/2；红椒切粗 0.2 cm、长 7 cm 的丝，姜切粗 0.1 cm 的丝（图 5-2-4）。

步骤一：五花肉切厚0.3 cm、长7 cm的片。

步骤二：油菜切开。

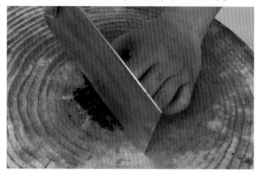
步骤三：豆豉切末，葱姜蒜切末。

步骤四：梅干菜冷水泡发（提前泡发2.5 h）。

步骤五：泡发好的梅干菜切末。

步骤六：菜肴组配完成。

图 5-2-3

图 5-2-4

Note

❷ **原料准备** 按照岗位分工准备菜肴油浸鱼所需原料(图 5-2-5)。

菜肴名称	份数	准备主料		准备配料		准备料头		盛器规格
		名称	数量/g	名称	数量/g	名称	数量/g	
油浸鱼	1	鲈鱼	750	红椒	40	姜	25	鱼盘
				香葱	60	大葱	25	

图 5-2-5

❸ **菜肴组配过程** 如图 5-2-6 所示。

步骤一：用剪刀去掉鲈鱼背鳍、胸鳍。

步骤二：修剪鲈鱼尾部。

步骤三：用刀沿鱼膛内将中间脊骨划开，深度1.5 cm。

步骤四：脊骨两侧都要划开，使鱼充分展开。

图 5-2-6

Note

步骤五：将鲈鱼两面剞一字花刀。

步骤六：将大葱切不到1 cm宽的条。

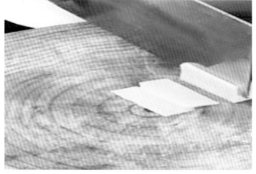

步骤七：姜切宽1 cm、长3 cm、厚0.2 cm的片。

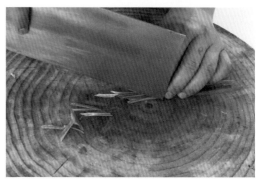

步骤八：香葱中间剖开切段。

步骤九：姜切粗0.1 cm的细丝。

步骤十：红椒切粗0.2 cm的丝，泡水。

步骤十一：菜肴组配完成。

续图 5-2-6

Note

四、素烧双冬菜肴组配

❶ **成品标准**　素烧双冬菜肴组配标准为葱姜蒜切末,水发香菇一开三切片,冬笋切滚刀块,油菜一开四切瓣,胡萝卜切料头花(图 5-2-7)。

图 5-2-7

❷ **原料准备**　按照岗位分工准备菜肴素烧双冬所需原料(图 5-2-8)。

菜肴名称	份数	准备主料		准备配料		准备料头		盛器规格
		名称	数量/g	名称	数量	名称	数量/g	
素烧双冬	1	水发香菇	150	胡萝卜	40 g	大葱	15	圆盘
						姜	10	
		冬笋	150	油菜	3 棵	蒜	20	

图 5-2-8

❸ **菜肴组配过程**　如图 5-2-9 所示。

步骤一:去老皮冬笋改刀切条。　　步骤二:冬笋切滚刀块。

图 5-2-9

步骤三：水发香菇一开三切片。

步骤四：鲜姜切末。

步骤五：油菜一开四切瓣。

步骤六：胡萝卜改成料头花切片。

步骤七：菜肴组配完成。

续图 5-2-9

五、荷塘小炒菜肴组配

1 成品标准 荷塘小炒菜肴组配标准为莲藕切 0.3 cm 厚的片,荷兰豆去头尾切整齐,白果去皮,水发木耳改刀切成 3 cm 大小,红椒切菱形片,蒜切指甲片,香葱切 3 cm 的段(图 5-2-10)。

Note

图 5-2-10

❷ **原料准备**　按照岗位分工准备菜肴荷塘小炒所需原料(图5-2-11)。

菜肴名称	份数	准备主料		准备配料		准备料头		盛器规格
		名称	数量/g	名称	数量/g	名称	数量/g	
荷塘小炒	1	莲藕	100	胡萝卜	50	香葱	10	9寸圆盘
				水发木耳	60			
		荷兰豆	80	红椒	50	蒜	20	
				白果	30			

图 5-2-11

❸ **菜肴组配过程**　如图5-2-12所示。

步骤一：将莲藕切片。

步骤二：将水发木耳改刀。

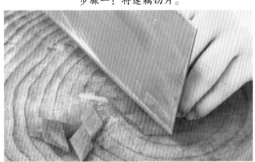

步骤三：将红椒切菱形片。

步骤四：将荷兰豆改刀修整齐。

图 5-2-12

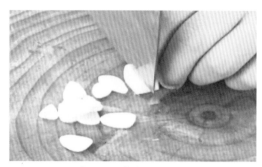

步骤五：将蒜切指甲片。

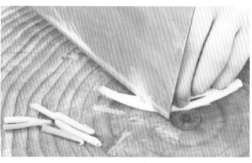

步骤六：将香葱切段。

步骤七：将白果去皮修整齐。

步骤八：菜肴组配完成。

续图 5-2-12

六、黑椒牛柳菜肴组配

❶ **成品标准**　黑椒牛柳菜肴组配标准为彩椒切宽 0.8 cm、长 4 cm 的条,牛肉切宽 0.8 cm、长 5 cm 的条,洋葱切宽 0.8 cm、长 4 cm 的条,葱姜蒜切末(图 5-2-13)。

图 5-2-13

❷ **原料准备**　按照岗位分工准备菜肴黑椒牛柳所需原料(图 5-2-14)。

菜肴名称	份数	准备主料		准备配料		准备料头		盛器规格
		名称	数量/g	名称	数量/g	名称	数量/g	
黑椒牛柳	1	牛柳	200	黄椒	50	香葱	10	圆盘
				红椒	50	蒜	20	
				青椒	50			
				洋葱	50	姜	15	

Note

图 5-2-14

③ **菜肴组配过程**　如图 5-2-15 所示。

步骤一：将牛柳片成厚0.8 cm的片。

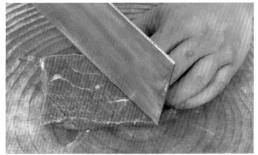

步骤二：将牛柳两面剞刀便于入味。

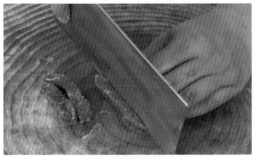

步骤三：将牛柳切成条。

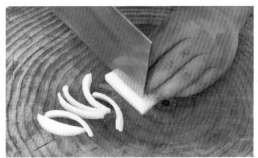

步骤四：将洋葱切成条。

步骤五：将黄椒切成条。

步骤六：将红椒切成条。

图 5-2-15

Note

步骤七：将青椒切成条。　　　　　　　　步骤八：将葱姜蒜切末。

续图 5-2-15

④ **腌制上浆调料(1 份)**

调味品名	数量
食盐	2 g
鸡粉	1 g
胡椒粉	1 g
生抽	3 mL
玉米淀粉	10 g
清水	30 g
料酒	10 g
小苏打	1 g
蛋清	10 g
色拉油	15 g

⑤ **牛肉腌制上浆过程**　如图 5-2-16 所示。

步骤一：碗中加入小苏打、食盐、胡椒粉、　　　步骤二：料汁稀释调匀。
鸡粉、生抽、料酒、玉米淀粉、水。

图 5-2-16

Note

步骤三：牛肉片中加入料汁，抓拌均匀，吃浆上劲。

步骤四：加入蛋清抓拌均匀。

视频：牛肉片
腌制上浆

步骤五：封一层色拉油(隔绝空气，避免小苏打氧化挥发；避免牛肉片滑油时粘连)。

步骤六：牛肉片腌制上浆成品。📺

续图 5-2-16

七、星洲炒米粉菜肴组配

❶ **成品标准**　星洲炒米粉菜肴组配标准为彩椒切粗 0.3 cm、长 7 cm 的丝，洋葱切粗 0.3 cm、长 7 cm 的丝，韭黄切长 7 cm 的段，葱姜蒜切末(图 5-2-17)。

图 5-2-17

❷ **原料准备**　按照岗位分工准备菜肴星洲炒米粉所需原料(图 5-2-18)。

菜肴名称	份数	准备主料		准备配料		准备料头		盛器规格
		名称	数量/g	名称	数量/g	名称	数量/g	
星洲炒米粉	1	米粉	250	黄椒	50	香葱	20	圆盘
				红椒	50			
				青椒	50	蒜	20	
				洋葱	50	姜	10	
				韭黄	50			

Note

图 5-2-18

❸ **菜肴组配过程**　如图 5-2-19 所示。

步骤一：韭黄切段。

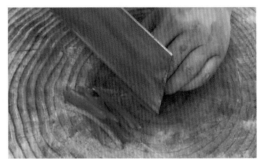

步骤二：青椒、黄椒、红椒切丝。

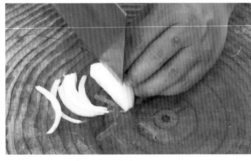

步骤三：洋葱切丝。

步骤四：葱姜蒜切末。

图 5-2-19

八、西湖牛肉羹菜肴组配

❶ **成品标准**　西湖牛肉羹菜肴组配标准为将牛肉剁成馅使成肉糜，香菜切末，滑子菇切小粒，蛋清打散（图 5-2-20）。

图 5-2-20

❷ **原料准备**　按照岗位分工准备菜肴西湖牛肉羹所需原料(图 5-2-21)。

菜肴名称	份数	准备主料		准备配料		准备料头		盛器规格
		名称	数量/g	名称	数量/g	名称	数量/g	
西湖牛肉羹	1	牛肉	150	蛋清	60	香菜	30	汤盆
				滑子菇	30			

图 5-2-21

❸ **菜肴组配过程**　如图 5-2-22 所示。

步骤一：将牛肉用刀剁成馅。

步骤二：将香菜切末。

步骤三：将滑子菇切小粒。

步骤四：将蛋清、蛋黄分开打散。

图 5-2-22

步骤五：菜肴组配完成。

续图 5-2-22

④ **腌制上浆调料（1 份）**

调味品名	数量/g
食盐	1
鸡粉	1
胡椒粉	1
玉米淀粉	5
清水	20
蛋黄	8
小苏打	0.5
色拉油	10

⑤ **牛肉馅腌制上浆过程**　如图 5-2-23 所示。

步骤一：碗中加入小苏打、食盐、鸡粉、胡椒粉、玉米淀粉。

步骤二：加入清水搅拌均匀。

步骤三：将牛肉馅加入碗中抓拌均匀。

步骤四：在牛肉馅中加入蛋黄。

图 5-2-23

Note

步骤五：在牛肉馅中加入色拉油。

续图 5-2-23

视频：牛肉馅
腌制过程

【评价检测】

广东风味宴会菜单菜肴组配评价标准

任务名称	评价标准
广东风味宴会菜单的组配与处理	符合梅菜扣肉菜肴组配标准
	符合油浸鱼菜肴组配标准
	符合素烧双冬菜肴组配标准
	符合荷塘小炒菜肴组配标准
	符合黑椒牛柳菜肴组配标准
	符合星洲炒米粉菜肴组配标准
	符合西湖牛肉羹菜肴组配标准
	下脚料保管得当
	菜肴组配后保管得当
	符合食品安全卫生标准
备注	评价标准可以涵盖小组分工合作、信息搜集、技术运用、工作完整、时间把控、垃圾分类、环保意识等能够体现综合职业能力的要素

知识链接

Note

任务三

四川风味宴会菜单的组配与处理

扫码看课件

【任务描述】

在中餐厨房水台、砧板工作环境中,依据宴会菜单标准,通过运用初加工、细加工的技法完成各类原料的分档取料及刀工成型处理;运用腌制、上浆、配菜方法完成小型四川风味宴会菜单中原料的腌制上浆及菜肴组配。

【学习目标】

(1)了解四川风味的特点及一般宴席设计知识。

(2)学会对菜肴组配原料进行品质鉴别。

(3)小组合作完成原料的初加工与细加工。

(4)小组合作完成原料上浆与菜肴组配。

(5)小组合作完成宴会原料及剩余原料的合理保管。

(6)水台与砧板岗位能够熟练沟通、分工得当,工作环节衔接紧密。

【知识技能准备】

川菜即四川菜肴,是中国特色传统的四大菜系之一、中国八大菜系之一、中华料理集大成者。

川菜三派是在已有定论的上河帮菜、小河帮菜、下河帮菜的基础上划分的。上河帮菜即为以川西成都、乐山为中心地区的蓉派川菜;小河帮菜即为以川南自贡为中心的盐帮菜,同时包括宜宾菜、泸州菜和内江菜;下河帮菜即为以重庆江湖菜、万州大碗菜为代表的重庆菜。三者共同组成川菜三大主流地方风味流派分支菜系,代表川菜发展的最高水平。2017年9月28日,中国烹饪协会授予四川眉山市"中国川厨之乡"的称号,眉山菜成为川菜的代表。

川菜取材广泛,调味多变,菜式多样,口味清鲜醇浓并重,以善用麻辣调味著称,并具备别具一格的烹调方法和浓郁的地方风味,融会了东南西北各方的特点,博采众家之长,善于吸收,善于创新,享誉中外。四川省成都市被联合国教科文组织授予"美食之都"的称号。

近现代川菜兴起于清代和民国两个时间段,并在新中国成立后得到创新发展。川菜以家常菜为主,高端菜为辅,取材多为日常百味,也不乏山珍海鲜。其特点在于红味讲究麻、辣、鲜、香;白味口味多变,包含甜、卤香、怪味等多种口味。川菜的代表菜品有鱼香肉丝、宫保鸡丁、水煮鱼、水煮肉片、夫妻肺片、辣子鸡丁、麻婆豆腐、回锅肉等,其他

Note

经典菜品有棒棒鸡、泡椒凤爪、灯影牛肉、口水鸡、香辣虾、尖椒炒牛肉、四川火锅、麻辣香水鱼、辣子鸡等。

【加工过程】

一、制作准备

❶ **工具准备**　码斗、方盘、不锈钢盆、保鲜膜、片刀。

❷ **原料准备**　干烧鱼、宫保虾球、辣子鸡丁、水煮牛肉、麻婆豆腐、鱼香肉丝、上汤杂菌所需主料、配料和腌制上浆调料。

二、干烧鱼菜肴组配

❶ **成品标准**　干烧鱼菜肴组配标准为草鱼十字花刀深浅一致，刀距一致；肥膘肉切 0.5 cm 见方的丁；水发香菇、冬笋切 0.5 cm 见方的丁，香葱切指甲片，姜蒜切 0.3 cm 见方的丁，青蒜切菱形片（图 5-3-1）。

图 5-3-1

❷ **原料准备**　按照岗位分工准备菜肴干烧鱼所需原料（图 5-3-2）。

菜肴名称	份数	准备主料		准备配料		准备料头		盛器规格
		名称	数量/g	名称	数量/g	名称	数量/g	
干烧鱼	1	草鱼	1250	肥膘肉	60	姜	25	鱼盘
				冬笋	50	香葱	20	
				水发香菇	50	蒜	25	
				青蒜	30			

图 5-3-2

❸ **菜肴组配过程**　如图 5-3-3 所示。

步骤一：草鱼去掉背鳍。

步骤二：草鱼平放墩面剞出刀距1.2 cm、深0.8 cm 的斜刀直至鱼尾。

步骤三：草鱼转换角度剞出刀距1.2 cm、深0.8 cm 的斜刀直至鱼尾，使其成十字花刀。

步骤四：草鱼另一面用同样的方法剞出十字花刀。

步骤五：将鱼尾进行修饰使其整齐呈燕尾状。

步骤六：将肥膘肉切丁。

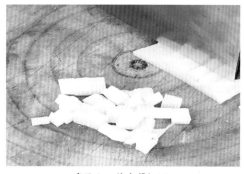

步骤七：将冬笋切丁。

步骤八：将水发香菇切丁。

图 5-3-3

Note

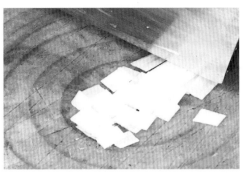
步骤九：将葱白切指甲片。

步骤十：将生姜切丁。

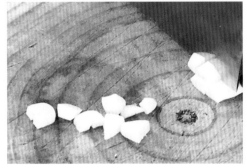
步骤十一：将蒜切丁。

步骤十二：将青蒜切菱形片。

步骤十三：菜肴组配完成。

续图 5-3-3

三、宫保虾球菜肴组配

❶ **成品标准**　宫保虾球菜肴组配标准为虾球片至 3/4 深,葱切马蹄丁,干辣椒去籽剪成 1 cm 宽的节,花生米皮去干净(图 5-3-4)。

图 5-3-4

Note

❷ **原料准备**　按照岗位分工准备菜肴宫保虾球所需原料（图 5-3-5）。

菜肴名称	份数	准备主料		准备配料		准备料头		盛器规格
		名称	数量/g	名称	数量/g	名称	数量/g	
宫保虾球	1	虾肉	250	花生米	60	姜	10	9寸圆盘
				花椒	3	大葱	100	
				干辣椒	10	蒜	10	

图 5-3-5

❸ **菜肴组配过程**　如图 5-3-6 所示。

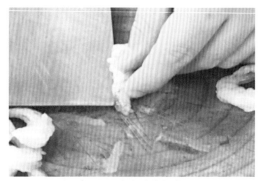

步骤一：虾仁片成虾球。　　　　　　步骤二：大葱切丁。

步骤三：姜蒜切片。　　　　　　步骤四：菜肴组配完成。

图 5-3-6

Note

④ **腌制上浆调料(1份)**

调味品名	数量/g
食盐	2
鸡粉	1
胡椒粉	1
玉米淀粉	10
蛋清	20
清水	15
色拉油	15

⑤ **虾球的腌制上浆过程** 如图 5-3-7 所示。

步骤一：虾球用厨房纸蘸干水分。　步骤二：碗中加入食盐、鸡粉、胡椒粉、玉米淀粉、蛋清拌匀。

步骤三：虾球放入碗中抓拌均匀。　步骤四：腌制好的虾球表面封一层色拉油，入冰箱 0～4 ℃冷藏。

图 5-3-7

四、辣子鸡丁菜肴组配

❶ **成品标准** 辣子鸡丁菜肴组配标准为鸡胸肉切 1.2 cm 见方的丁,青椒切 1 cm 见方的丁,泡辣椒去籽剁成泡辣椒末,葱姜蒜切片(图 5-3-8)。

❷ **原料准备** 按照岗位分工准备菜肴辣子鸡丁所需原料(图 5-3-9)。

图 5-3-8

菜肴名称	份数	准备主料		准备配料		准备料头		盛器规格
		名称	数量/g	名称	数量/g	名称	数量/g	
辣子鸡丁	1	鸡胸肉	250	青椒	80	大葱	15	9寸圆盘
				泡辣椒	25	姜	10	
						蒜	15	

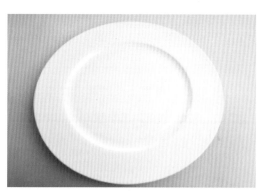

图 5-3-9

❸ **菜肴组配过程**　如图 5-3-10 所示。

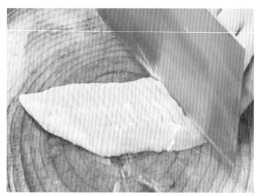
步骤一：鸡胸肉刹刀，深度为0.2 cm。

步骤二：鸡胸肉改成1.2 cm宽的条再切丁。

步骤三：青椒改成1 cm宽的条再切丁。

步骤四：泡辣椒剁成末，葱姜蒜切片。

图 5-3-10

Note

步骤五：菜肴组配完成。

续图 5-3-10

④ **腌制上浆调料(1 份)**

调味品名	数量/g
食盐	2
鸡粉	1
水淀粉	10
料酒	10
蛋清	12
色拉油	15

⑤ **鸡丁的腌制上浆过程**　如图 5-3-11 所示。

步骤一：鸡丁中加入食盐、鸡粉、料酒。

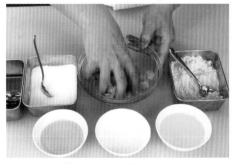

步骤二：鸡丁抓拌均匀。

步骤三：鸡丁中加入蛋清抓拌均匀。

步骤四：鸡丁中加入水淀粉抓拌均匀。

图 5-3-11

Note

步骤五：鸡丁表面封一层色拉油。 步骤六：鸡丁腌制上浆完成。

续图 5-3-11

五、水煮牛肉菜肴组配

❶ **成品标准** 水煮牛肉菜肴组配标准为牛肉切厚 0.3 cm、长 4 cm、宽 3.5 cm 的片。芹菜切菱形段、长 4 cm，圆白菜切菱形片、长 4 cm、宽 3 cm。葱姜蒜切指甲片。豆芽洗净。郫县豆瓣酱剁细(图 5-3-12)。

图 5-3-12

❷ **原料准备** 按照岗位分工准备菜肴水煮牛肉所需原料(图 5-3-13)。

菜肴名称	份数	准备主料		准备配料		准备料头		盛器规格
		名称	数量/g	名称	数量/g	名称	数量/g	
水煮牛肉	1	牛通脊	200	圆白菜	80	大葱	20	汤盆
				豆芽	80	姜	10	
				芹菜	80	蒜	40	

图 5-3-13

❸ **菜肴组配过程** 如图 5-3-14 所示。

步骤一：牛肉切片。

步骤二：圆白菜切片。

步骤三：豆芽清洗干净。

步骤四：芹菜拍松切菱形段。

步骤五：葱切指甲片。

步骤六：蒜切指甲片。

步骤七：鲜姜切指甲片。

步骤八：郫县豆瓣酱剁细。

图 5-3-14

❹ **牛肉的腌制上浆** 牛肉的腌制上浆参考第二单元任务五"畜肉类原料的腌制上浆与菜肴组配"中蚝油牛肉的腌制上浆。

Note

六、麻婆豆腐菜肴组配

❶ 成品标准 麻婆豆腐菜肴组配标准为豆腐切 1.5 cm 见方的丁,青蒜切菱形片,葱姜蒜切末,郫县豆瓣酱剁细(图 5-3-15)。

图 5-3-15

❷ 原料准备 按照岗位分工准备菜肴麻婆豆腐所需原料(图 5-3-16)。

菜肴名称	份数	准备主料		准备配料		准备料头		盛器规格
		名称	数量/g	名称	数量/g	名称	数量/g	
麻婆豆腐	1	北豆腐	250	青蒜	50	香葱	10	8 寸圆盘
				牛肉末	80	姜	10	
						蒜	10	

图 5-3-16

❸ 菜肴组配过程 如图 5-3-17 所示。

步骤一:豆腐从中间片开。　　　　步骤二:豆腐切成1.5 cm宽的条。

Note

图 5-3-17

步骤三：豆腐条切成1.5 cm见方的丁。　　　　　步骤四：青蒜切菱形片。

步骤五：葱姜蒜切末。　　　　　　　　步骤六：郫县豆瓣酱剁细。

续图 5-3-17

七、鱼香肉丝菜肴组配

❶ **成品标准** 鱼香肉丝菜肴组配标准为猪通脊切长 7 cm、宽 0.2 cm 的丝，冬笋切长 7 cm、宽 0.2 cm 的丝，水发木耳切粗 0.3 cm 的丝，葱姜蒜切末，泡辣椒剁成末（图 5-3-18）。

图 5-3-18

❷ **原料准备** 按照岗位分工准备菜肴鱼香肉丝所需原料（图 5-3-19）。

菜肴名称	份数	准备主料		准备配料		准备料头		盛器规格
		名称	数量/g	名称	数量/g	名称	数量/g	
鱼香肉丝	1	猪通脊	250	水发木耳	30	香葱	10	8寸圆盘
				冬笋	50	姜	10	
						蒜	10	

图 5-3-19

❸ **菜肴组配过程**　如图 5-3-20 所示。

步骤一：猪通脊片成片。

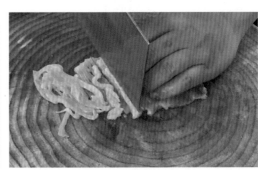

步骤二：猪通脊切丝。

步骤三：冬笋上片出片。

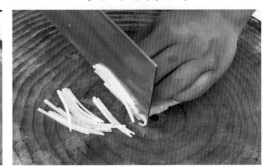

步骤四：冬笋切丝。

步骤五：水发木耳切丝。

步骤六：葱姜蒜切末。

图 5-3-20

Note

④ **腌制上浆调料（1份）**

调味品名	数量/g
料酒	10
精盐	5
鸡粉	2
蛋清	30
胡椒粉	2
水淀粉	30

⑤ **猪肉丝腌制上浆过程** 如图 5-3-21 所示。

步骤一：猪肉丝中加入精盐、胡椒粉、鸡粉。　步骤二：猪肉丝中加入料酒。

步骤三：猪肉丝中加入蛋清抓拌均匀。　步骤四：猪肉丝中加入水淀粉。

步骤五：猪肉丝抓拌均匀吃浆上劲。　步骤六：猪肉丝中加入色拉油，腌制上浆完成。

图 5-3-21

八、上汤杂菌菜肴组配

① **成品标准** 上汤杂菌菜肴组配标准为水发香菇切厚 0.3 cm 的片，水发花菇切

厚 0.3 cm 的片,水发猴头菇切厚 0.3 cm 的片,水发竹荪切长 5 cm 的段,冬笋切厚 0.2 cm 的片,葱姜切指甲片,水发牛肝菌、滑子菇、水发木耳洗净改刀(图 5-3-22)。

图 5-3-22

❷ **原料准备**　按照岗位分工准备菜肴上汤杂菌所需原料(图 5-3-23)。

菜肴名称	份数	准备主料		准备配料		准备料头		盛器规格
		名称	数量/g	名称	数量/g	名称	数量/g	
上汤杂菌	1	水发香菇	50	冬笋	50	大葱	10	9寸汤盘
		水发花菇	60					
		水发猴头菇	50					
		水发竹荪	50	油菜	60	姜	10	
		水发牛肝菌	50					
		水发木耳	30					
		滑子菇	50					

图 5-3-23

❸ **菜肴组配过程**　如图 5-3-24 所示。

步骤一:水发花菇斜刀拉片出片。　　步骤二:水发猴头菇斜刀拉片出片。

Note

图 5-3-24

步骤三：水发香菇斜刀拉片出片。

步骤四：水发竹荪直刀切段。

步骤五：水发牛肝菌斜刀拉片改刀。

步骤六：滑子菇改刀一分为二。

步骤七：水发木耳改刀。

步骤八：冬笋切片，葱姜切片。

步骤九：菜肴组配完成。

续图 5-3-24

【评价检测】

四川风味宴会菜单菜肴组配评价标准

任务名称	评价标准
四川风味宴会菜单的组配与处理	符合干烧鱼菜肴组配标准
	符合宫保虾球菜肴组配标准
	符合辣子鸡丁菜肴组配标准
	符合水煮牛肉菜肴组配标准
	符合麻婆豆腐菜肴组配标准
	符合鱼香肉丝菜肴组配标准

续表

任务名称	评价标准
四川风味宴会菜单的组配与处理	符合上汤杂菌的菜肴组配标准
	下脚料保管得当
	菜肴组配后保管得当
	符合食品安全卫生标准
备注	评价标准可以涵盖小组分工合作、信息搜集、技术运用、工作完整、时间把控、垃圾分类、环保意识等能够体现综合职业能力的要素

知识链接

能力检测

Note

通用知识

附录 A

厨师仪容仪表规范

❶ **头发**（图 A-1）

（1）头发要求前不过眉，侧不过耳，上岗前必须戴工帽，并且要求头发全部在工帽内。

（2）厨师在进入工作区域前要求对工作服和帽子上的头发进行检查。

❷ **面部**

（1）面部必须干净，直接接触食品的员工不许化妆，男士不许留胡须。

（2）明档和直接接触客人的员工必须戴口罩（鼻孔不外露）。

❸ **手部**　手部表面干净、无污垢。所有厨师的指甲外端不得超过指尖，指甲内无污垢，不准涂指甲油。

❹ **工作服**（图 A-2、图 A-3）

（1）餐前要求厨师工作服干净、整洁、无异味、无褶皱、无破损。

（2）上衣与工作裤均应干净，无油渍、无污垢，上衣保持洁白卫生。

视频：厨师穿
工作服

图 A-1　厨师标准发型

图 A-2　厨师工作服穿戴标准

Note

（3）非工作需要，任何人不得在工作区域外穿着工作服，亦不得带出工作区域。

（4）纽扣要全都扣好，不论男女，第一颗纽扣须扣上，不得敞开外衣，也不得卷起裤脚、衣袖，领口必须使用不同颜色的标志带打结。

（5）衣口、袖口均不得显露个人衣物，工作服外不得有个人物品，如纪念章、笔、纸张等，工作服衣袋内不得多装物品，以免鼓起。

（6）各岗位员工按本岗位的规定穿鞋，任何时候都禁止穿凉鞋、拖鞋进入厨房。

（7）女性员工不得穿短裙、高跟鞋进入厨房。

（8）白色的上衣、工作帽、套袖、围裙要求1～2天洗涤一次。

（9）工作帽要按规定戴好，一次性的工作帽应每班换新一次，棉制品则应1～2天洗涤一次。

（10）开餐期间严格按照操作规范工作，尽量避免溅崩油迹、血迹，保持工作服干净、整洁，定期清洗并更换工作服。

❺ **厨师专用工作鞋（图A-4）**　厨师应穿按岗位配发的工作鞋，工作鞋应清洁光亮。未配发工作鞋的，一律穿着黑色皮鞋（款式参照配发给一线的皮鞋）。

图A-3　厨师工作裤　　　　　　　　　图A-4　厨师专用工作鞋

厨师专用工作鞋的重要性：在所有职业病类别里，厨师职业病排名第二，仅次于消防员。厨师需要长期、长时间在高温湿滑环境中站立工作。一双不专业的厨师工作鞋，会导致厨师出现下肢静脉曲张、腰椎劳损、骨关节炎等职业病。厨师的手艺是随着岁月的积累而升值的。很多厨师在年轻的时候使用不恰当的劳保鞋，多年后虽练就一身好手艺，结果因为腰肌劳损、骨关节炎、下肢静脉曲张而不得不离开厨房。

缓解厨师疲劳的方法有多种，工作间隙踢腿、跺脚、抬脚跟等运动，可促进腿部血液循环；弯腰拉伸腰部骨骼和肌肉，可缓解腰部疲劳；下班后听音乐、坚持每天热水泡脚，都可以缓解疲劳。但要避免厨师职业病，仍然需要一双专业的厨师专用工作鞋。

厨师专用工作鞋的鞋底应该是人体工程学设计，根据人体脚底骨骼的位置，计算出最舒适的鞋底高度，而成型的鞋底不应该是水平面的。鞋底内部的形状完全贴合脚底骨骼高度,厨师身体重量科学分布在鞋底上。鞋底的材质还必须具备防滑、减震的功能,确保厨师在湿滑厨房不会滑倒。厨师在站立和走动的时候,减震功能可缓解身体重量对膝关节和腰椎的损伤。鞋垫、鞋内衬必须采用防臭、透气的真皮材质,具备排汗系统设计,确保厨师不会因为厨房高温而捂脚、湿脚、臭脚,让厨师的脚始终处于干燥舒适的状态,厨师在忙碌中才不会产生焦虑感。

⑥ 袜子 黑色或深蓝色袜子,无破洞,裤角不露袜口。

⑦ 饰物 不得佩戴手表以外的其他饰物且手表款式不能夸张(在欧美一些国家可以戴结婚戒指)。

⑧ 特别提示:初加工岗位 初加工厨师上岗时,除要按通用部分的规定着装外,还应做到如下几点。

(1) 进入工作区应穿戴高腰水鞋、塑胶围裙、乳胶手套。

(2) 工作时要保持工作服及防水用品的干净卫生。

(3) 防水用品使用结束后,应清洗干净并放在固定的存放位置。

附录 B

加工器具的使用与保养

了解烹饪原料加工厨房加工器具的种类;掌握正确挑选刀具、砧板、磨刀石的方法,掌握原料加工厨房加工器具的使用知识与保养;能正确使用和保养刀具、砧板、磨刀石。

一、刀具

1 刀具的种类及工具知识 烹饪初学者必须具备相关刀具的种类、用途、使用、保管及保养等方面的知识。由于制作菜品所用的烹饪原料种类繁多、性质各异,只有掌握不同类型的刀具的性能和用途,才能根据原料的性质选用合适类型的刀具,从而将不同性质的烹饪原料加工成形态各异、整齐均匀的样式,适应各种烹调技法的需要。

2 刀具的选择 "工欲善其事,必先利其器。"刀具是否好用主要从以下三个方面来鉴别。

(1) 看:刀刃和刀背无弯曲现象,刀身平整光洁,无凹凸现象,刀刃平直,无夹灰、无卷口。

(2) 听:用手指对刀板用力一弹,声音呈钢响者为佳,余音越长越好。

(3) 试:用手握住刀柄,看是否适手、方便。

3 刀具部位知识 刀具是指专门用于切割食物的工具。刀具的种类很多,形状、功能各异,分类方法也很多。从制作工艺上看,有传统民间火炉煅打铁刀和现代机器压制不锈钢刀两种。除某些特殊用途的刀具以外,大多数刀具的刀形比较近似,由刀柄(A)、刀背(B)、刀膛

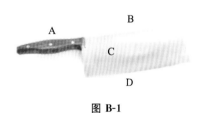

图 B-1

(C)、刀刃(D)等组成(图 B-1),只是刀刃与刀膛形成的尖劈角不同。刀具按其用途不同,一般可分为片刀、砍刀、前切后砍刀及其他类型刀具。

4 常用刀具及用途

(1) 片刀(图 B-2(a)):片刀又称薄刀、批刀,以广州桑刀为代表。这种刀有全不锈钢和木(塑料)柄之别,窄而长、轻而薄,刀刃与刀膛之间形成的尖劈角最小,刀刃锋利,钢质纯硬。这种刀适用于片精细无骨的动物性或植物性原料。做京菜时常使用这种刀。这种刀使用灵活方便,但不可切带骨或坚硬的原料,否则易伤刀刃。

(2) 砍刀(图 B-2(b)):砍刀又称骨刀、厚刀。这种刀的重量在 10 g 以上,刀背厚,刀刃与刀膛之间形成的劈角最大,刀柄刻有花纹以产生摩擦,可防砍料时脱手。此刀专门用于砍带骨的动物性原料,刀刃不缺口、不卷刃,但不易切成片。

(3) 剪刀(图 B-2(c)):剪刀是采用优质纯不锈钢材料制成的,其强度高、重量轻,刀

Note

口锋利。刀把有塑料制作的,也有全部钢制的。剪刀适用于厨房剪干辣椒、剪虾须等原料的加工。

(4) 片鸭刀(图 B-2(d)):片鸭刀由木制或塑料手柄与不锈钢刀刃组成。此刀外形狭长、重量轻、刀口锋利,可用于片烤鸭、片烤乳猪、旋切鱼等。

(5) 前切后砍刀(图 B-2(e)):前切后砍刀前刀刃较薄,后刀刃略厚,近似砍刀。此刀前可切、片较精细的烹饪原料,后可砍带骨或较硬的烹饪原料。由于它具有多种功能,故又称文武刀。

(6) 刮皮刀(图 B-2(f)):又称刨刀,由塑料手柄和置于手柄前端的不锈钢方口刀头组成。刨刀外形美观、重量轻、刀口锋利。刨刀适用于瓜果类、茎类等蔬菜的去皮。

(7) 雕刻刀(图 B-2(g)):雕刻刀由木制手柄和不锈钢刀刃组成。样式有直柄单刃刀和收折单刃刀两种。此刀重量轻、刀刃前端尖锐、刀口锋利,适用于去除原料根部、削皮、削朵、齐叶等。

(8) 锯齿刀(图 B-2(h)):锯齿刀是采用优质纯不锈钢材料制成的,其强度高、重量轻,刀锋呈锯齿状,刀柄为塑料或木制。锯齿刀适用于切蛋糕、切面包等。

(9) 剔骨刀(图 B-2(i)):剔骨刀刀身狭窄、坚硬,刀片稍呈"S"形,形成一个尖锐的刀尖,可用于剥离鸡肉、猪肘、羊腿等。使用剔骨刀的目的是从骨头上大块地剥离肉,同时膜和肌腱不会受到损害,营养不容易在烹饪食物的过程中流失。

(10) 牡蛎刀(图 B-2(j)):牡蛎刀主要用于挑开牡蛎外壳等贝壳类原料。

5 刀具的保管

(1) 了解刀的形状和功能特点,运用正确的磨刀方法,保持刀的锋利和光亮,刀要有一定的弧度。

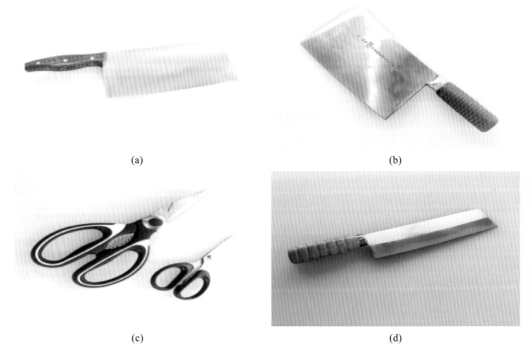

(a)　　　　　　　　(b)

(c)　　　　　　　　(d)

图 B-2

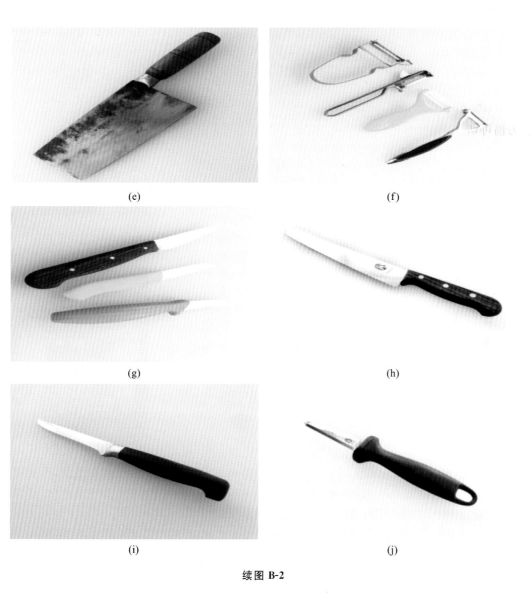

续图 B-2

（2）进行刀工操作时,要仔细谨慎、爱护刀刃。片刀不宜斩砍,切刀不宜砍大骨。落刀若遇到阻力,不应强行操作,运刀时以断开原料为准,合理使用刀的部位,应及时清除障碍物,不得硬片或硬切,以防止伤手指或损坏刀刃。

（3）用完刀后的清理:刀用完后,必须将刀在热水中洗净,擦干水,特别是切带有咸味、酸味、黏性或腥味的原料时,如泡菜、咸菜、番茄、藕、鱼等原料之后,黏附在刀面上的无机酸、碱、盐、鞣酸等物质容易使刀变黑或锈蚀,失去光度和锋利度,并污染所切的原料。可用洁净布擦净晾干或涂少许油,以防止其氧化生锈。

（4）刀用完后的摆放:刀用完后要挂在刀架上,不要随手乱丢,避免碰损刃口。严禁将刀砍在砧板上。

二、砧板

❶ **砧板的种类与用途**　砧板又称砧墩、墩子、菜墩,是指对烹饪原料进行切、片、剁、排等加工处理时的垫衬器具。从外形上砧板有方、圆之分。砧板按质地分主要有木砧板、竹砧板、塑料砧板三种。目前烹饪行业使用最多的是木砧板。

小提示：在拿菜刀行走时，应将菜刀握在身侧、刀刃向后，不要前后摆动。

小提示：菜刀在传递过程中的正确动作。

（1）木砧板：木砧板密度高、韧性强，使用起来很牢固。但木砧板种类很多，不易挑选。有些木砧板（如乌桕木）含有毒物质，且有异味；杨木制成的砧板因硬度不够，易开裂，且吸水性强，会令刀痕处藏污纳垢，滋生细菌。银杏木、皂角木、桦木或柳木制成的砧板则较好，其中以银杏木为最佳，因其通透性好且木质细腻，不伤刀又不易起屑（图 B-3）。

（2）竹砧板：竹砧板经高温高压处理，具有不开裂、不变形、耐磨、坚硬、韧性好等优点，使用起来轻便、卫生、气味清香。从中医角度看，竹子味甘、淡，性寒，具有一定的抑制细菌繁殖作用。所以切熟食时，竹砧板是比较理想的选择。从密度上来说竹砧板稍不及木砧板，而且由于厚度不够，多为拼接而成，所以使用时不能重击（图 B-4）。

图 B-3

图 B-4

（3）塑料砧板：塑料砧板重量较轻，携带方便，但容易变形。而且，塑料砧板以聚丙烯、聚乙烯等为主要原料，有时为了降低成本，在生产时还会加入一些化学助剂，如含重

Note

金属铅、镉等的工业级滑石粉、碳酸钙。而且,质地粗糙的塑料砧板很容易切出渣末,随食物进入人体,对肝、肾造成损伤。一些颜色较深的塑料砧板,多是用废旧塑料所制,有害物质更多,所以塑料砧板最好选择颜色半透明的(图 B-5)。

❷ **砧板的使用与保管**　新木砧板使用前需用盐水浸泡 3～5 天,使木质紧缩致密、结实耐用,能有效地防止虫蛀及腐蚀。为防止木砧板裂口,可用不锈钢箍圈(图 B-6)。使用砧板的过程中,不宜在一个部位长时间切、砍、剁,而要四周旋转使用,保持砧板表面平整。一旦出现不平,可用刀削平或铁刨刨平(图 B-7)。每次用完砧板后,应刮净表面,竖起,可用洁布罩上,保持通风(图 B-8)。木砧板长时间不使用时,还应注意洒水,以保持湿润,防止干裂。木砧板要定期高温加热,进行消毒处理,但切忌在太阳下暴晒,以免干裂。切不可将刀砍在砧板上(图 B-9、图 B-10)。

- ● 家禽类
- ● 生肉类
- ○ 豆制品
- ● 蔬果类
- ● 熟食类
- ● 海产类

图 B-5

图 B-6

用刀刃360°平刮墩面

用刀头轻铲墩面

图 B-7

视频:清理墩面方法

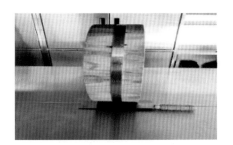

图 B-8

图 B-9

Note

图 B-10

三、磨刀石

❶ 磨刀石的种类 磨刀的工具是磨刀石,分为粗磨刀石、油石、粗细两用磨刀石三种。

刀具在磨刀石上反复磨砺,可使刀刃变得更锋利。磨刀石是磨砺各种烹饪刀具不可缺少的,以前多使用天然油石,而现在餐饮业多使用人造油石。天然油石是选用质地细腻又具有研磨和抛光能力的天然石英岩经雕琢加工而成的。人造油石是指用磨料和结合剂等制成的条状固结磨具。"油石"是因在使用时通常要加油润滑而得名。

人造油石由于所用磨料不同而有两种结构类型。

(1)用刚玉或碳化硅磨料和结合剂制成的无基体的油石,按其横断面形状可分为正方形、长方形、三角形、刀形(楔形)、圆形和半圆形油石等。

(2)用金刚石或立方氮化硼磨料和结合剂制成的有基体的油石,有长方形、三角形和弧形油石等。人造油石由于所用磨料不同有粗细之分。粗油石由于质地相对粗糙适用于新刀开口或者刀刃有缺损的刀具的初步磨砺,如图 B-11 所示。细油石由于质地更为紧密细腻,适用于进一步将刀刃磨至更锋利,如图 B-12 所示。还有粗细相结合的,即一面为粗石、另一面为细石,具有粗油石和细油石的双重功能,如图 B-13 所示。

图 B-11   图 B-12   图 B-13

❷ 磨刀石的种类与保管 人造新油石使用前,一定要预先用水浸泡,注意保持其湿润,反复磨明时才不至于伤刀的"钢火"。磨刀前还需用洗涤剂将油石上的油污擦洗干净,防止打滑而脱石伤手。人造油石在使用过程中要不断浇水,这样能有效地降低因反复磨砺产生的高温,从而保护刀具。油石使用完后,要放置隐蔽处,防止摔落而折断。

Note

磨刀技术

"工欲善其事,必先利其器。"磨刀是厨师的必修课,将刀具准备锋利才有利于后面的烹饪原料加工。同时,正确检验刀具是否磨锋利也是初学者必备的技能。本任务主要介绍磨刀的技巧,磨刀准备常识,磨刀的身体姿势和手法,检验刀口锋利的方法。

一、磨刀前准备工作

磨刀的准备包括油石的浸泡、刀面的擦洗、油石的放置、清水的准备等(图 C-1)。

步骤一:油石的浸泡。新人造油石使用前,一定要预先浸泡,避免干磨,从而不至于伤刀的"钢火"。

步骤二:刀面的擦洗。磨刀前需用洗涤剂将刀面上的油污擦洗干净,防止打滑而脱石伤手。

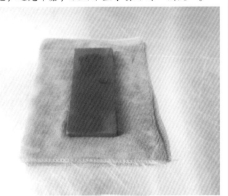
步骤三:油石的放置。油石放置一定要平稳,可在油石下面垫抹布,防止因摩擦过大造成失控滑倒。

步骤四:清水的准备。在磨刀前要准备适量清水,以便于边磨边浇水降温。

图 C-1

二、磨刀的身体姿势和手法(图 C-2)

磨刀时要求两脚分开或一前一后,前腿弓,后腿绷,胸部略向前倾,收腹,重心前移,

Note

双手持刀,平衡用力,目视刀锋口。手的要求是右手中指、无名指、小指握住刀柄,食指按紧刀膛,拇指按住刀背,左手手指自然收缩捏紧刀的前端刀背。当需要磨另一面时,双手交换用力。

三、磨刀的方法

首先将磨面固定好位置,高度为厨师身高的一半,以操作方便、运用自如为准。磨刀时要将磨面上的油污洗净,以免脱刀伤手。左手握住刀背前端直角部位,右手握住刀柄前端,两手持稳刀,将刀身端平,刀口锋面朝外,刀背向里,刀与磨面的夹角为 $3°\sim5°$ (图 C-3)。

图 C-2

图 C-3

磨刀须按一定的程序进行,向前平推至磨面尽头,然后向后提拉,始终保持刀与磨面的夹角为 $3°\sim5°$,切不可忽高忽低。向前平推是磨刀膛,向后提拉是磨刀口锋面。不管是前推还是后拉,用力都要平稳,均匀一致。当磨面起砂浆时,需及时淋点水再继续磨。磨刀时重点放在磨刀口锋面部位,刀口锋面的前、中、后端部位都要磨到。刀身两面磨的次数要基本相等,这样才能保证磨完的刀的刀口锋利、锋面平直,符合要求。

磨刀要诀:先粗后细,用力均匀,平推陡拉,前三后四,中间拖磨,两面次数要一样。

四、刀锋的检验

检验刀磨得是否合格,有视觉检验、触觉检验、切物检验三种方法(图 C-4)。

检验刀刃是否锋利,除了以上三种方法外,每个烹饪工作者还可以在实践中不断积累经验,创造出更多适合自己的检验方法。

为了提高工作效率和菜品质量,必须使刀刃时刻保持锋利状态,要做到这一点,在使用道具加工过程中,必须经常磨刀。要使刀锋满足实际要求,不仅要有质地较好的磨刀石和刀,而且要有正确的磨刀姿势和方法。

五、磨刀注意事项

在磨刀的过程中,若刀的两面、前后的磨制时间与用力不均,就会出现以下几种不规则的刀形。

第一,肿口刀。这种情况是磨刀时刀拿得太陡,切出来的原料不光滑,呈劈开状而不是切开状。

视觉检验：将磨好的刀用水洗净，抹干，刀刃朝上，用眼观看刀刃，如视线模糊，没有白色的一道光亮，证明刀刃是锋利的。反之则没有磨好，需要继续磨，直到观察时呈上述情况。

触觉检验：用拇指盖在刀刃上横着轻轻一拉，如有涩手感觉，证明刀刃磨锋利了。如果感觉刀刃在手指上有光滑的感觉，还要继续磨。

切物检验：将磨好的刀洗净，采用直刀法，切时感觉无阻力，而切出来的原料无毛口，刀口整齐一致，证明刀已磨好。

图 C-4

第二，卷刃刀。这种刀刃不锋利，切时砧板摩擦力大，切出来的原料不光滑。这种情况是由于刀的两膛面磨的次数不一或者用力不均匀造成的。

第三，弓背刀。磨刀时两头磨得太多、中间磨得不够，不易切断原料或产生前断后不断的情况。

第四，月亮刀。这种刀与弓背刀相反，是中间磨得太多、两头磨得不够，形成两头凸中间凹，也不易切断原料。

第五，锯子口。有时厨师工作较忙，没工夫磨刀而采用临时性措施，在钵子上或者在其他非磨刀物上擦几下，结果刀变成"锯子口"，这样切原料时阻力大，使用极为不便。

Note

附录 D

刀工操作规范

在进行刀工处理时,只有按照一定的操作规程才能将烹饪原料加工好,同时保护工作时身体不受伤害,最大限度地减轻疲劳。下文主要介绍刀工的作用、刀工处理中的操作规范、刀工操作前的准备、刀工操作姿势、如何运刀及刀工操作的基本要求。

一、刀工的含义和作用

刀工是根据烹调和食用的要求,运用各种不同的刀法,将烹饪原料加工成一定形状的操作过程。

用来制作菜肴的原料种类繁多,形状千差万别,质地有韧和脆、老和嫩、硬和软、松和紧之分,各有差异。许多烹饪原料仅仅通过初步加工还不能直接用来制作菜肴,必须运用刀工技术,进行成型处理后才能烹调。

二、刀工的作用

❶ **便于烹调**　经验告诉我们,将大块、整只或质地较硬的原料直接烹制,火力和烹制的时间往往不易掌握,如果将原料加工成形状整齐、大小一致的块、条、片、丝等,便易于控制烹制的时间和火候。不同的原料有不同的加工要求,一般要根据原料的质地和烹制要求进行成型。如鸡肉片和猪肉片韧性较强,但要求加热时间短,为了保证柔软、鲜嫩的口感,在加工时以薄、小为主;鱼片质地松软、韧性较差,入口易碎,可以加工得厚一点、大一点,以防止加热时碎烂。通过刀工使原料保持整齐的形态,可以保证烹饪原料在烹制过程中受热均匀,成熟度一致。

❷ **便于入味**　如果将整块大料直接烹制,加入的调味品大多停留在原料的表面,不易渗透到内部,会形成外浓内淡的问题。如果将大块原料改成规则的小块原料,整料切成零料,或在整只原料表面剞上刀纹,就可以帮助调味品渗透到原料内部,烹制后的菜肴内外口味一致,香醇可口。

❸ **便于食用**　整只的大块原料,如猪前腿、猪后腿、鸡、鸭、鹅、青鱼、草鱼等,不经过刀工处理,直接烹制食用,会给食用者带来诸多不便,如果能先将原料进行分档,然后按制作菜肴的要求进行成型,再烹制成菜肴,就容易取食和咀嚼了。如整只鸡炖汤就不如鸡块汤取食方便,吃红烧肉比吃红烧蹄髈方便得多。

❹ **增进美观**　刀工还对菜肴的形态和外观起着决定性的作用。整齐的形态会使一桌菜肴相互协调,如鱿鱼、墨鱼和韧中带脆的动物性原料内脏(如猪腰、猪肚、牛肚、鸡胗、鸭胗),一些质地较软的厚实原料,以及丝瓜、豆腐干等,运用混合刀法,先剞上美观的花刀纹,然后切成块形,加热后,便会卷曲成各种形状,使菜肴的形态丰富多样,美不胜收。菜肴的形态既有丝、条、片、段、块、丁、粒、末、蓉、泥之分,又有丸、球、饼、花之别。

Note

只有掌握了刀工技术，才能使菜肴的形态千变万化，丰富多彩。

三、刀与砧板的摆放位置

刀工的操作台摆放位置应以两人之间不发生碰撞为度。工作台高低要结合操作人员、砧板、工作台等综合因素进行考虑，一般以腰高为宜（图 D-1）。

图 D-1

四、应用工具

用于刀工加工的工具有刀、砧板、抹布、杂物器皿、净盆等，其在工作台上的摆放应以方便、整洁、安全为度。

五、卫生要求

刀工加工前应对手和应用工具进行清洗杀菌消毒，手可用 70％酒精擦拭，工具可用蒸汽杀菌，墩面与地面应保持清洁。

六、操作姿势

切菜时，双脚自然分开，或者一前一后，呈丁字形或呈稍息姿势，两腿直立，胸稍挺，不要弯腰曲背。目光注视着烹饪原料和刀，身体与砧板保持一拳头的距离，不要靠在工作台上（图 D-2、图 D-3）。

图 D-2

图 D-3

七、运刀

运刀是指刀的运动及双手的配合。运刀有许多技巧性的东西，例如腕力的运用、双手的协调配合、运刀的角度等，掌握好这些操作要领与技巧，就能有事半功倍的效果。运刀主要是靠手腕用力，小臂（或大臂）运力于腕掌，匀速进行切、片、排、剁、剞。

（1）切刀拿法：用右手中指、无名指和小指握紧刀柄，拇指和食指扣紧刀颈，拇指同时扣紧刀膛，柄抵着手掌的根部，刀直立不可晃动，手腕灵活而有力地上下运动（图 D-4）。

（2）片刀拿法：与切刀拿法基本相似，但拇指要着力在刀片上（拇指平按而有力），刀

Note

身放平使刀面水平(图 D-5)。

（3）排刀拿法：食指扣刀腔，手腕用力上下运动，左右两手持刀，用中指、无名指和小指握紧刀柄，双手交换用力，垂直运动，保持一定的节奏感(图 3-6)。

图 D-4　　　　　　　图 D-5　　　　　　　图 D-6

（4）剁刀拿法：手指握住刀柄，下刀要准而有力，刀要直立，不能偏斜，以免发生刀伤事故，用力不可过重，以免刀刃嵌入砧板内而伤刀(图 D-7)。

（5）斜剖刀拿法：拇指抵住刀背，食指偏斜刀腔，中指、无名指、小指握紧刀柄，刀刃嵌入原料，用力均匀，保持入刀深度一致，距离一致(图 D-8)。

图 D-7　　　　　　　　　　　图 D-8

八、刀工操作的基本要求

为了烹饪工作者的操作安全和顾客食用菜品的质量，应遵守以下几项基本要求。

（1）精力集中、安全操作：刀工操作时，要全神贯注于用刀之中，注意力随着刀刃走，做到安全生产。刀工加工过程中要充分考虑烹饪原料的性能，恰当地利用各种运刀技巧和用力方法，做到下刀稳准、干净利落。双手分工要明确，动作要规范，并要默契配合。特别是劈、砍、剁较硬或体积较小的原料时，原料要放稳，挥刀尽量垂直下力，防止原料翻滚与着力点偏位，从而有效地预防刀伤事故。

（2）掌握原料性能、因料加工：各种烹饪原料有各自的特性，要根据原料的不同特性看料下刀。例如，同是切，萝卜、莴笋等脆性原料一般适于用直刀切，而榨菜、豆干等软性原料一般适于先片后切。无骨的新鲜猪肉、牛肉、羊肉等韧性原料一般适于推切或锯切。同是肉类，切法也不相同，牛肉、羊肉肌肉纤维粗老，必须横着纤维纹路切，把筋腱切断，爆或炒后才觉得嫩。猪肉比牛肉嫩，肉中筋少，可斜着肌肉纤维纹路切，如果横烹炒后易碎，顺切烹炒后显得肉质老。鸡肉比牛肉、羊肉、猪肉更为细嫩，必须顺着纹路切,才能保证烹炒后肉质细嫩、形态完整。

小贴士:"横切牛羊,斜切猪,顺切鸡鱼"。

（3）加工原料必须整齐均匀:经过刀工处理的烹饪原料,无论是片、丁、丝、条、块,还是剞的花刀,必须整齐划一,粗细厚薄均匀,大小一致、长短相等。如果出现粗细不均、长短不齐、大小不一,或者出现连刀的现象,不仅会影响菜肴的美观,还会给菜肴火候的掌握和控制带来困难。所以经过刀工处理后的原料必须整齐、均匀,不出现藕断丝连的现象。这就需要在平时苦练基本功,同时保持刀具锋利、砧板平整、工作中思想集中与巧妙用力。

（4）与烹调密切配合:中式菜肴品种丰富多彩,烹调方法多样。大多数菜肴品种需要先进行刀工处理,使原料达到所要烹制菜肴的要求,为烹调做好准备。一般而言,用爆、炒、汆等烹调方法烹制的菜肴,都以旺火短时间加热成熟,原料应以薄小为宜,而以焖、炖、烧等烹调方法烹制的菜肴,都以小火长时间加热成熟,原料应以厚大为宜。各种原料还有脆、硬、韧、松、软、有骨、无骨等区别,刀工处理也应有所不同。只有根据原料的不同性质和烹调的不同要求进行加工,在烹调时掌握好火候,才能使烹制的菜肴符合色、香、味、形、质的要求。

（5）合理利用原料,做到物尽其用:合理利用原料是整个烹饪工作的一个重要原则。刀工主要应遵循计划用料、合理搭配、优材优用、边材巧用的原则。特别是在大料改小料时,落刀时做到心中有数,不要将可利用的边角余料随手扔掉。同样的原料,若精打细算,并且选用得当,不仅能使加工的成品整齐、美观,还能节约原料,达到物尽其用的效果。

（6）要注意清洁卫生:菜品是直接供人食用的,为顾客提供洁净卫生的食物,最大限度地避免病从口入,是餐饮工作者的神圣使命。由于菜品不卫生而引起的疾病主要有痢疾、肠道寄生虫病、食物中毒等。引起菜品不卫生的因素主要有环境、餐具、餐饮工作者的个人卫生习惯差等,这就要求每位餐饮工作者在刀工操作中做到:①注意厨房工作环境卫生。②注意餐具清洗和消毒。③注意个人卫生。④注意储藏室、冰箱等区域卫生。

九、烹饪原料加工技术的学习方法

烹饪原料加工技术的高低是决定一名厨师厨艺水平的一个重要方面。烹饪专业的学生必须重视烹饪原料加工技术的学习,要想学好烹饪原料加工技术,掌握行业前辈精湛的烹饪原料加工技术和丰富经验,应从以下几个方面加以注意。

第一,掌握烹饪原料的选料知识和合理运用。

第二,注重对烹饪原料加工、涨发、切配技术的学习和练习。

第三,苦练基本功。要吃苦耐劳,长时间反复练习,力求熟练掌握加工的技能与技巧,达到"稳、准、狠、快"。

第四,不断超越前辈的历史局限性,大胆运用新技术、新工艺、新设备,敢于创新,不断提高。

通用知识-课件

烹饪原料加工技术相关知识

餐饮企业实际工作岗位水台、砧板岗位工作流程

中餐烹饪原料加工厨房布局

厨房安全管理制度及紧急情况处理预案

原料加工厨房开档与收档

厨房工作规范与烹饪原料加工操作规程

厨房冷库管理制度

厨房卫生管理制度

餐饮业原料加工基本操作技术类行话土语

餐饮行业厨房食品卫生知识法规和管理

Note